亚印太海气界面热通量变化特征及气候效应

陈锦年　王宏娜　左　涛　何宜军　著

海洋出版社

2013 年·北京

内 容 简 介

本书主要由两部分共 6 章内容组成，第一部分是亚印太海区海气界面热通量变化特征的分析研究。内容主要包括亚印太海区以及南海、西太平洋暖池区域、黑潮区域以及热带和北印度洋关键海区的热通量时空变化特征分析结果，包括气候态、年际和年代际变化。第二部分是在第一部分分析结果的基础上，进而探讨了与气候变化之间的关系，为深入研究中国洪涝、干旱以及冬季气温变化等异常天气过程提供参考依据。亚印太海区海气界面热通量是基于卫星遥感反演出的海洋和大气参数资料，应用先进的热通量算法（COAR3.0）得到的 1988—2009 年共 22 年逐月高分辨率的产品（空间为 40°S～60°N，20°E～180°，分辨率为 1°×1°）。

本书可供海洋、大气和遥感以及生态等相关专业的研究人员参考，同时也可作为有关院校的大学本科生和研究生的辅助教材。

图书在版编目（CIP）数据

亚印太海气界面热通量变化特征及气候效应/陈锦年等著.
—北京：海洋出版社，2013.12
ISBN 978 - 7 - 5027 - 8765 - 3

Ⅰ. ①亚…　Ⅱ. ①陈…　Ⅲ. ①海洋 - 热通量 - 关系 -
气候变化 - 研究　Ⅳ. ①P732.5②P467

中国版本图书馆 CIP 数据核字（2013）第 304917 号

责任编辑：高　英　李宝华
责任印制：赵麟苏

海洋出版社　出版发行

http：//www. oceanpress. com. cn
北京市海淀区大慧寺路 8 号　邮编：100081
北京旺都印务有限公司印刷　新华书店发行所经销
2013 年 12 月第 1 版　2013 年 12 月北京第 1 次印刷
开本：787mm×1092mm　1/16　印张：15
字数：346.6 千字　定价：68.00 元
发行部：62132549　邮购部：68038093　总编室：62114335
海洋版图书印、装错误可随时退换

前　言

　　亚印太边缘海是大尺度海气相互作用最为敏感的区域，是亚洲夏季风爆发的源地，同时也是影响东亚气候的水汽通道。它包括了世界上最暖的海域——西太平洋–印度洋暖池、南海和世界著名暖洋流黑潮，因此，使得本来就复杂的海洋状况变得更为复杂。由于海水的比热容远远大于陆地，海洋吸收和存储的热量远比陆地大得多，这使得海洋成为一个巨大的热源，海面不断向大气提供热量，影响其上空大气环流，进而影响整个东亚和亚洲气候。同时，由于海面的失热将导致海温场温度的下降，这将制约海洋向大气提供过多的热量，导致对大气的影响减弱。这种过程构成了一个海洋和大气间的正负转换的反馈机制。

　　海气界面热通量是海洋热力学、动力学和海洋气候学的重要研究内容，是揭示和解释海洋和大气热力学和动力学过程的重要基础，可用于海洋环流、海–气相互作用和气候理论等研究。特别是从地理位置上，东亚位于太平洋、印度洋和最大的陆地——欧亚大陆之间，其西侧有全球海拔最高、面积最大的青藏高原，这种特殊的地理环境，使得东亚地区成为典型的季风气候区。在这种背景下，亚印太海区海气热通量变化对东亚气候和天气变化将起到非常重要的作用，对全球气候变化也将会产生重要影响。因此，了解亚印太海区海气热通量变化特征及其与南海夏季风爆发、汛期降水以及冬季气温异常变化之间的内在联系，对深入研究和预测我国乃至东亚地区的天气和气候变化具有重要科学意义。

　　本书主要分为两部分，共 6 章。第一部分是亚印太以及关键海区海气热通量的时空变化特征研究，内容主要包括气候态、年际和年代际变化特征，是目前亚印太海区海气热通量的最新研究成果。第二部分是亚印太海区海气热通量与南海夏季风爆发，中国大陆汛期降水以及冬季气温异常变化的分析研究成果。本书的出版，希望起到"抛砖引玉"的作用，引起更多学者关注海气热通量及其气候变化研究。

　　本书第一部分和第二部分中的部分研究内容所用海气热通量资料是作

者课题组基于卫星遥感资料（AVHRR；SSM/I），利用神经网络反演出的海洋和大气参数资料，应用先进的通量算法（COAR3.0）得到的 1988—2009年逐月高分辨率（1°×1°）资料。另外，第 3 章和第 4 章研究内容中所用海气热通量资料来自美国伍兹霍海洋研究所（WHIO）发布的通量产品。

　　本书是由国家重点基础研究发展计划（973）——热带太平洋海洋环流与暖池的结构特征、变异机理和气候效应（2012CB417402）和国家自然科学基金项目（41076010）、国家自然科学青年基金项目（41206017）以及中国科学院知识创新工程重要项目（KZCX2 - YW - Q11 - 02）共同资助下完成的。

　　本书对于深入了解亚印太海区海气热通量变化特征，及其与中国气候变化之间的联系具有重要参考价值，对该区域海气相互作用过程及其对中国乃至东亚气候变化的深入研究和预测有重要科学意义，可供海洋、大气和遥感以及生态等相关专业的研究人员参考。由于时间仓促，难免存在不当之处，恳请指正。

作　　者

2013 年 6 月

目　次

第 1 章 绪 论

1.1 引言

　　亚印太区域泛指亚洲大陆－太平洋－印度洋区域，此区域主要包括了南海、西太平洋暖池、黑潮以及印度洋等关键海区。这里有世界上范围最大、海表温度最高的西太平洋暖池，是全球热带对流最强、水汽含量最多的区域，海气相互作用极为强烈，其异常变化与包括中国在内的亚洲和太平洋区域的气候变化和自然灾害的形成关系密切。西边界暖洋流——黑潮，常年将巨大热量源源不断地向中高纬度输送，直接或间接地影响着东亚气候变化，尤其是对中国东部和日本、朝鲜半岛的气候影响更为明显。印度洋位于亚洲大陆的西南，在地理位置方面与太平洋同等重要。南海是连接西太平洋和东印度洋的纽带，南海受西太平洋暖池的影响，其海表温度也具有暖池的特性。南海季风爆发开启了从印度洋经南海到我国大陆的水汽通道，南海海气界面的热量和水汽通量变化对季风的爆发过程和演变起到重要作用，进而对我国东部沿海地区的旱涝分布产生重要影响。我国位于亚欧大陆东南隅，面向太平洋，毗邻印度洋，气候变化受到海洋－陆地－大气相互作用的强烈影响。在亚印太区域，印度洋洋流和太平洋流系在此贯通融汇；南亚季风、澳洲季风和东亚季风三大季风系统也在此交辉跌宕，夏季来自太平洋的水汽输送带和源于索马里流经北印度洋的水汽输送带在亚印太区域辐合调配后再输送到亚洲大陆，直接控制着中国的旱涝灾害（吴国雄等，2006）。众所周知，导致大气运动和气候变化的最终能源是太阳辐射，但直接驱动大气运动的能源约70%来自下垫面。发生在海陆气交界面上的能量、动量和水汽交换是维持气候变化的基本物理过程，其变化与气候系统异常密切相关。而海气热通量是海气相互作用的关键环节，因此，研究亚印太区域的海气热通量变化对南海夏季风以及对中国气候的影响具有重要科学意义。

1.2 海气热通量的研究回顾

　　自1884年著名的气象、地理学家沃耶伊柯夫提出"目前物理科学最重要的问题之一，是了解地球及大气圈和水圈所获得的太阳热量的收支问题"以来，许多科学家对热平衡问题，特别是海气界面热交换问题都给予了高度重视。20世纪50年代以来，Budyko（1956，1974）、Wyrtki（1965）、Bunker（1976）和Smith（1980）等人曾先后对全球大洋或区域洋面的热通量进行了计算。我国海洋气象学者也对西太平洋和印度洋进行了热通量的计算，并出版了图集和资料集（中国科学海洋研究所气象组，1979，

1984；白德宝等，1990）。由于经济条件和观测技术的限制，海上资料匮乏，加之海气界面通量计算的热量和水汽交换系数的不确定性，给出的计算结果分辨率偏低且差别较大，难以满足在海气相互作用研究中的诊断分析和气候模式要求的精度。

20 世纪 80 年代以来，人们对于海气通量的研究越来越重视。国际上实施的海气相互作用研究计划，如"全球能量与水循环试验"（GEWEX）、"热带海洋全球大气耦合海气响应试验"（TOGA - COARE）和"气候变化和可预报性计划"（CLIVAR）都把海气通量观测作为主要内容。近年开展的"全球大洋通量联合研究"（JGOFS）、"同步协调强化观测试验"（CEOP）、"海岸带陆海相互作用研究"（LOICZ）更是把海气界面通量研究摆到特别显要位置。2000 年"国际地圈生物圈计划"（IGBP）、"海洋研究科学委员会"（SCOR）、"世界气候研究计划"（WCRP）和"国际大气化学与全球污染委员会"（CACGP）又联合提出了新的国际合作计划"上层海洋 - 低层大气研究"（SO-LAS），其核心即是海气界面和穿过界面的通量。

精准的热通量资料对于气候分析、模式发展以及卫星遥感海面状况都很关键。由于海气界面通量是非常规观测，特别是海上观测资料的可靠性很难保证，使得热通量的观测起步很晚。很长一段时期国内外没有空间分辨率高、时间序列长的热通量资料。获得海气热通量的最基本方法有块体动力学方法、廓线法以及涡动相关法。目前普遍使用的计算湍流热通量的方法是块体空气动力学算法（Michael et al.，2003），该方法将基本变量与湍流热通量联系起来，使得获取长序列、高时空分辨率的湍流热通量成为可能。不同的块体算法主要区别在于对湍流交换系数的不同参数化，常用的计算模式有 BVW、COARE3.0、CCM3、ECMWF、GSSTF2、HOAPS2、UA 等，Brunke 等（2002）利用多个航次的船舶观测资料对多种算法进行了比较，发现 COARE3.0 的整体效果最好。

在一系列科学试验和研究计划的推动下，海气界面通量观测和参数化等研究发展很快，一些模式和资料同化系统制作的全球或区域通量产品相继出现，如卫星推导通量产品 HOAPS、GSSTF 和基于数值气候预报模式（NWP）的再分析结果的通量产品 ECMWF、NCEP1、NCEP2、GEOS1 等。基于卫星遥感反演的通量产品具有较高的时空分辨率和全球范围的覆盖面。本书中所用主要资料之一的印度洋和太平洋区域海气热通量（IPOFlux）资料也是基于卫星遥感 SSM/I、AVHRR 资料，通过神经网络方法和 COARE3.0 算法计算得到的。

我国对于海气热通量的研究始于 20 世纪 80 年代末，研究区域也基本限定在西太平洋及中国近海。尽管如此，也得到了许多有重要意义的结果。

20 世纪 80 年代初，中国科学院海洋研究所物理研究室气象组根据日本气象厅发布的海洋大气资料，计算出版了北太平洋西部逐月海 - 气热量交换资料集。在此基础上，陈锦年（1984）应用该资料，通过计算分析，首次揭示了南海区域热交换对长江中下游汛期降水具有重要影响的事实，并建立了长江中下游汛期降水的预测方法。继而探讨了热平衡诸分量变化对海温场的可能影响，指出南海区域的热平衡诸分量中的潜热通量是导致海温场异常变化的重要机制，其影响存在 2 个月的时滞效应（陈锦年，1986a）。在已有工作的基础上，深入分析和研究了南海区域海气界面热交换过程，探讨了与其上空大气环流及华南前汛期降水的内在联系，再次揭示了南海区域海气界面热交换对华南前汛期降水存在重要影响的事实（陈锦年和张淮，1987a）。陈锦年（1986b）、陈锦年和张淮（1987b）在客观分析研究黑潮区域海气热交换变化特征以及与水文气象要素关系的基础上，探讨了与东北和青岛地区的汛期降水的联系。为开展南海、黑潮区域海气相互作用过程及其对中国气候变化的深入研究提供了重要依据，特别是为中国东部沿海地区汛期降水预测提供了新的方法。

赵永平等（1983）、赵永平（1986）分别对北太平洋中纬度海区的海气热量交换对其上空大气环流的影响进行了分析研究，强调黑潮区域的海 - 气热量交换不仅对其上空大气环流存在重要影响，而且与长江中下游汛期降水也存在密切关系。

黄荣辉等（1988）研究表明，南海海气界面的热量和水汽通量变化对季风的爆发过程和演变起到重要作用。

朱亚芬和杨大升（1990）分析了 1983 年 El Niño 期间的海气热交换的异常变化特征，指出在 El Niño 年，中西太平洋的海气热交换异常强烈，而中东太平洋的 SST 高温区热通量则减弱，研究表明这种热通量分布与风场有很好的对应关系。

吴迪生在 1995—1999 年期间，对 TOGA 研究计划的前 5 次和第 8 次的观测资料进行了一系列分析，利用经验公式对热平衡各分量进行了计算，并且对热带气旋状况下和冷空气过程中的热带西太平洋的海气热交换情况进行了研究，对 1986/87 年厄尔尼诺事件前后西太平洋和南海区域的热通量的变化也给出了对比分析。吴迪生等（2005）在 2005 年利用站点观测资料分析了 1998 年南海季风爆发前后，海气界面热量交换和热收支情况。指出季风爆发前，南海海气热交换较弱，以海洋获得热量为主；而季风爆发后，南海海气热交换接近平衡。另外还指出冬半年海面热通量的变化对翌年的季风有重要影响。

王东晓和李永平（1997）研究了南海海面温度和热收支的关系，指出南海净热收支年平均变化受潜热通量的影响较大。

周明煜和钱芬兰（1998）对中国近海感热和潜热通量的季节变化和地理分布特征进行了分析，指出中国近海感热通量在冬、秋季较大，在春、夏季较小；其地理分布特点是冬季感热通量的分布随纬度变化十分明显，纬度越高感热通量越大。在秋冬季节，中国近海的热通量在黑潮区域最大。

张学洪等（1998）利用数值模拟研究了冬季北太平洋热通量异常对海表温度的影响，指出在冬季热带外海洋湍流热通量是影响 SST 的主要因子。

丁一汇和李宗银（1999）研究指出，南海海气热量和水汽交换是南海夏季风爆发早晚和强弱的重要影响因子之一。

闫俊岳等（2000，2003，2005）通过南海西沙海区通量观测试验获取了西南季风爆发晚年（1998）、早年（2000）及正常年（2002）5—6 月近海面气象水文观测记录，计算了海洋大气间的热量、动量和水汽交换值，讨论了不同天气系统影响下热量交换特点，得到了季风与海气通量关系的诸多研究成果。

刘海龙等（2001）利用 TOGA - COARE 的浮标观测资料，分析了两次西风爆发期间赤道西太平洋暖池区的热量平衡关系，结果表明，在季节内尺度上，海表热通量是导致西太平洋暖池混合层温度变化的主要因素，并且在海表热通量中，短波辐射和潜热是变化量中最大的两项。

周天军和张学洪（2002）对印度洋尤其是热带印度洋区域的海气热通量进行分析研究，结果表明印度洋的海气热通量具有明显的区域性特征，部分区域在一年的大部分时间主要表现为海洋对大气的强迫。在热带印度洋的海气热通量交换中，海洋对大气的强迫是通过潜热加热实现的。

姚华栋等（2003）对1998年南海季风试验期间的铁塔观测资料，利用整体法和多层结通量廓线法两种方法计算了潜热和感热通量，结果表明，两种方法的计算结果基本一致，并且利用所得结果讨论了季风爆发前后，各时段的热通量变化情况。

刘衍韫等（2004）对北太平洋海气热通量的变化特征分析表明，北太平洋海气热通量具有明显的季节性变化特征，并且在黑潮及其延伸体区域表现最为显著，并指出黑潮及其延伸体区域海气热通量具有明显的年代际变化特征。

褚健婷等（2006）对块体法的参数进行了改进，用改进后的算法计算了中国近海的感热、潜热通量，并与实测资料、GSSTF2资料和NCEP再分析资料进行了对比，结果表明，块体法参数改进后的计算结果精度较高。另外，利用计算结果进一步分析了南海季风爆发期间的热通量变化以及中国近海的热通量季节变化特征。

陈锦年等（2006，2007）利用卫星遥感资料，采用COARE3.0方法计算了南海区域的海气热通量，并对其变化特征进行了分析。结果表明，利用卫星遥感资料反演的热通量与实测结果非常一致。另外指出南海区域的热通量分布具有显著的年变化和年际变化特征。在分析研究的基础上，出版了《中国近海海面热平衡》一书（陈锦年等，2007），客观给出了中国近海海面热平衡诸分量的逐月、季节变化特征。

李忠贤（2007）利用NECP热通量资料研究了太平洋热通量与中国降水以及东亚季风的关系，指出太平洋湍流热通量异常EOF第1模态与中国华北、长江中下游和西北地区夏季降水关系密切，第2模态与中国江南和华南地区夏季降水有很好的相关性，而中国东北地区夏季降水与第3模态关系最为密切。第1模态与东亚夏季风年代际变化也为显著的负相关关系。

王丽娟和王辉（2008）通过对季风爆发早晚年南海潜热通量的时空分布特征及其与风场关系进行初步诊断分析，结果表明季风爆发早、晚年的前一年冬季，南海北部和南部潜热通量呈反位相分布，不同的位相分布对南海夏季风强度有不同的影响。

孙启振等（2010）利用西沙观测资料对2008年南海夏季风爆发前后海气热通量进行了估算，并对其变化特征进行了详细分析。结果表明海气潜热通量较感热通量大得多，而且热通量的变化受季风爆发、气旋等影响较大。

李翠华等（2010）分析了中国东部海域夏季潜热通量时空变化特征与中国东部夏季降水的关系。结果表明对应中国近海夏季潜热通量的正异常，黄淮地区和华南地区降水偏多，东北地区和华北地区降水偏少。表明夏季中国东部海域及邻近海域潜热通量的异常是导致中国东部汛期降水年际和年代际异常的重要原因之一。

陈锦年等（2012），左涛等（2012）分别对印度洋区域、西太平洋区域的海气热通量与南海夏季风爆发的关系进行了分析，并得出相似结果。结果表明，5月北印度洋区域、4 月暖池区域海气热通量与滞后 3 年的南海夏季风爆发之间存在密切关系。进而利用这一关系通过回归分析建立了预测方程对 2012 南海夏季风爆发进行了预测，结果与实际爆发时间基本一致。

尽管在海气热通量的研究中取得了以上诸多成果，但是随着科学的不断发展，对海面热平衡及其诸分量等资料的需要不断增加，并且对其时空分辨率以及数值精度的要求也越来越高。这就要求我们不断利用高质量的海洋、大气参数以及更精确的经验公式，获得更加精准的热通量结果来满足各方面研究的需要。

1.3 研究意义及研究内容

海气通量交换是海气相互作用的关键环节，海洋和大气之间相互影响、相互作用的过程最初都是由海气界面通量交换来实现的。一方面，海洋通过感热、潜热交换过程影响大气边界层，进而影响大气环流；另一方面，海气界面处的感热通量、潜热通量以及有效回辐射等是导致海洋上混合层乃至季节温跃层变化的重要因子。海气通量交换首先通过影响海洋上层海水温、盐分布结构，引起海水的运动，再借助于海洋内部的热力、动力调整过程进一步影响深层海水的运动。因此，海气通量交换是气候变化的重要机制之一。

海气界面的热交换过程是气候系统各圈层相互作用的主要过程之一，它反映了海洋和大气之间的相互联系与反馈机制。它是海洋热力学、动力学和气候学研究的重要内容，是海洋环流、海气相互作用和气候变化研究的重要基础。海气界面感热和潜热通量交换，在海气相互作用及全球气候变化的研究中起到至关重要的作用。海气界面的热量和水汽通量通过影响上层海洋和大气边界层结构，进而影响海洋环流和大气环流的形式，形成不同尺度的气候变化。认识和量化这些交换过程，对于研究海–气相互作用、驱动海洋环流模式、发展数值天气预报模式以及深入了解能量和水循环过程都是非常重要的。

本书共分为 6 章。第 1 章是绪论，主要介绍亚印太区域海气热通量的研究意义，研究进展，以及海气热通量资料反演；第 2 章详细分析了整个亚印太海区以及南海、西太平洋暖池、黑潮和印度洋（包括南印度洋、赤道印度洋、阿拉伯海和孟加拉湾）关键海区海气热通量的时空分布特征；第 3、第 4 章分别分析和研究了气候跃变前后以及 ENSO 循环过程中海气热通量的变化特征；第 5 章详细分析了关键海区海气热通量对中国汛期降水和冬季气温的影响，以及对季风和大气环流的影响；第 6 章介绍了遥感反演在海气热通量研究中的应用。

1.4 海气热通量资料反演

1.4.1 资料来源

本书所用主要资料之一的月平均海气界面热通量（感热和潜热）资料是利用 SSM/

I、AVHRR 卫星遥感资料，通过神经网络反演以及 COARE3.0 通量算法，自主反演得到的高精度的印度洋和太平洋区域的海气热通量资料——IPOFlux 资料。分辨率为 1°×1°，时间序列是从 1987 年 8 月至 2009 年 12 月，空间分布 40°S～60°N，20°E～180°。

1.4.2 计算方法

1.4.2.1 COARE3.0 通量算法

COARE 算法是一种基于 Monin – Obukhov 相似理论（Panofsky and Dutton，1984；Geernaert，1990）的国际上较为先进的块体动力学方法（Fairall et al.，1996a，b），其最新版本为 COARE3.0（Fairall et al.，2003）。感热和潜热通量的计算公式如下：

（1）潜热通量（W/m^2）：

$$Q_l = \rho_a L_e C_e u(q_s - q_a) \qquad (1.4-1)$$

式中，ρ_a 为湿空气密度；L_e 为蒸发潜热；C_e 为海气界面水汽交换系数；u 为海上 10 m 层的水平风速；q_s 和 q_a 分别表示海表面比湿和近海面空气比湿。

q_s 是由饱和比湿和海表温度计算获得，即：

$$q_s = 0.98 q_{sat}(T_s) \qquad (1.4-2)$$

q_{sat} 是当温度为 SST 时纯水的饱和比湿，式中常数 0.98，是根据 Sverdrup 等（1942）的研究给出的，这是因为海水具有典型的 34 盐度会降低蒸汽压，所以海气界面处的比湿是不饱和的，会减少 2%。

（2）感热通量（W/m^2）

$$Q_s = \rho_a C_p C_h u(T_s - \theta) \qquad (1.4-3)$$

式中，C_p 为空气定压比热容，取为常数 1 004.67；C_h 为海气界面热交换系数；u 为近海面风速；T_s 为海表温度；θ 为近海表面空气位温

$$\theta = T + 0.009 \, 8 z_r \qquad (1.4-4)$$

式中，z_r 为高度；T 是 z_r 处的气温。

公式中需要 4 个独立的自变量，即海面温度、近海面气温、比湿和风速。只要给出了这 4 个变量，其他变量就都可以计算得到，包括交换系数。

所需 4 个变量的来源：

（1）SST 是取自 Advanced Very High Resolution Radiometer（AVHRR）Pathfinder SST 全球格点资料（Kilpatrick et al.，2001），时间是 1981 年 11 月—2009 年 12 月，其空间分辨率是 4 km×4 km。

（2）风速 U 是取自 Remote Sensing Systems（RRS）提供的 Special Sensor Microwave/Imager（SSM/I）卫星 Version – 6 产品，该产品是每天的全球格点资料，时间是 1987 年 7 月—2009 年 12 月，其空间分辨率是 0.25°×0.25°。

（3）近海面气温和比湿都是通过神经网络算法反演得到（详见下面介绍）。

1.4.2.2 神经网络方法

近海面气温和比湿不能直接获得，需要通过一些方法换算得到：选用分布于太平洋赤道地区、东北太平洋的 National Data Buoy Center（NDBC）资料和 Tropical Atmosphere Ocean project（TAO）浮标资料，建立实测资料和卫星遥感资料的关系，然后利用 AVHRR 提供的海面温度，SSM/I 提供的风速、整层水汽含量、云液态水、降雨率资料建立神经网络模型得到近海面气温和相对湿度。图 1.4 - 1 是神经网络算法示意图。

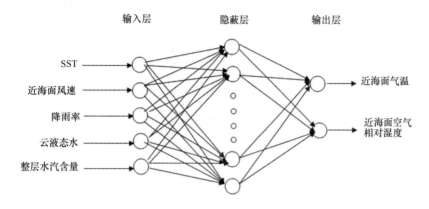

图 1.4 - 1　近海面气温和相对湿度的神经
网络算法结构示意图

参 考 文 献

白德宝，等 . 1990. 太平洋海面热通量平衡图集 . 北京：海洋出版社：141 - 182.

陈锦年 . 1984. 冬春南海海 - 气热量交换对长江中下游汛期降水的影响 . 海洋湖沼通报（2）：15 - 21.

陈锦年 . 1986a. 南海区域海面热量平衡特性及其对海温场的影响 . 海洋湖沼通报（1）：1 - 7.

陈锦年 . 1986b. 黑潮区域海 - 气热量交换对青岛汛期降水的影响 . 海洋湖沼通报（2）：6 - 12.

陈锦年，王宏娜，吕心艳 . 2007. 南海区域海气热通量变化特征分析 . 水科学进展，18（3）：390 - 397.

陈锦年，伍玉梅，何宜军 . 2006. 中国近海海气热通量的反演 . 海洋学报，28（4）：1 - 10.

陈锦年，张淮 . 1987a. 南海海 - 气热量交换对大气环流及华南前汛期降水影响的分析 . 海洋湖沼通报（3）：28 - 33.

陈锦年，张淮 . 1987b. 我国东北地区汛期降水与西北太平洋海气热量交换的相关分析 . 海洋学报，9（1）：121 - 126.

陈锦年，何宜军，王宏娜，等 . 2007. 中国近海海面热平衡 . 北京：海洋出版社 .

褚健婷，陈锦年，许兰英 . 2006. 海气界面热通量算法的研究及在中国近海的应用 . 海洋与湖沼，37（6）：481 - 487.

丁一汇，李崇银 . 1999. 南海夏季风爆发和演变及其与海洋的相互作用 . 北京：气象出版社 .

黄荣辉，李维京 . 1988. 夏季热带西太平洋上空的热源异常对东亚上空副热带高压的影响及其物理机制 . 大气科学，12（特刊）：95 - 107.

李翠华，蔡榕硕，陈际龙 . 2010. 东中国海夏季潜热通量的时空特征及其与中国东部降水的联系 . 高原气象，29（6）：1485 - 1492.

刘海龙，张学洪，李薇 . 2001. 西风爆发时赤道西太平洋热量平衡的诊断分析 . 大气科学，25（3）：303 - 316.

刘衍韫，刘秦玉，潘爱军 . 2004. 太平洋海气界面净热通量的季节、年际和年代际变化 . 中国海洋大学学报，34（3）：341－350.

孙启振，陈锦年，闫俊岳，等.2010.2008 年南海夏季风爆发前后西沙海域海气通量变化特征.海洋学报，32（4）：12－23.

王东晓，李永平.1997.南海表层水温和海面热收支的年循环特征,海洋学报，19（3）：33－44.

王丽娟，王辉.2008.南海海气界面潜热通量的分布特征及其对西南季风爆发影响的初步分析.海洋学报，30（1）：20－30.

吴迪生.1995.热带西太平洋海－气热量交换研究.海洋学报，17（4）：41－54.

吴迪生.1996.热带西太平洋海－气热量通量研究：冬季天气过程海－气热量交换的特征.热带海洋，15（2）：89－94.

吴迪生.1996.热带西太平洋海－气热量通量研究：热带气旋状况下的海－气热量交换的特征.大气科学，20（5）：533－540.

吴迪生，邓文珍，詹进源，等.1999.1986－1987 年 El Niño 期间热带西太平洋及南海海气热量交换研究.气象学报，57（1）：121－128.

吴迪生，许建平，王以琳，等.2005.南海海洋站观测海气热通量的时间演变特征.热带气象学报，21（5）：517－524.

吴国雄，李建平，周天军，等.2006.影响我国短期气候异常的关键区：亚印太交汇区.地球科学进展，2（11）：1109－1118.

闫俊岳，唐志毅，姚华栋，等.2005.2002 年南海季风爆发前后西沙海区海－气通量交换及其变化.地球物理学报，48（5）：1001－1010.

闫俊岳，姚华栋，李江龙，等.2000.1998 年南海季风爆发期间近海面层大气湍流结构和通量输送的观测研究.气候与环境研究，5（4）：447－458.

闫俊岳，姚华栋，李江龙，等.2003.2000 年南海季风爆发前后西沙海域海－气热量交换特征.海洋学报，25（4）：18－28.

姚华栋，任雪娟，马开玉.2003.1998 年南海季风试验期间海－气通量的估算.应用气象学报，14（1）：87－92.

张学洪，俞永强，刘辉.1998.冬季北太平洋海表热通量异常和海气相互作用.大气科学，22（4）：511－521.

赵永平.1986.北太平洋中纬度海区海－气热量交换对其上空大气环流的影响.海洋与湖沼，17（1）：57－65.

赵永平，张必成，井立才.1983.冬季东海黑潮海－气热量交换对长江中下游汛期降水的影响.海洋与湖沼，14（3）：256－262.

中国科学院海洋研究所气象组.1979.西北太平洋海面热量平衡图集.北京：科学出版社.

中国科学院海洋研究所气象组.1984.北太平洋西部逐月海－气热量交换资料集.北京：科学出版社.

周明煜，钱粉兰.1998.中国近海及其邻近海域海气热通量的模式计算.海洋学报，20（6）：21－30.

周天军，张学洪.2002.印度洋海气热通量交换研究.大气科学，26（2）：161－170.

朱亚芬，杨大升.1990.1983 年厄尔尼诺期间海气热交换分析.海洋学报，12（2）：167－178.

左涛，陈锦年，王宏娜.2012.西太平洋暖池区域海气热通量变化及其与南海夏季风爆发的关系.海洋学研究，30（2）：5－13.

Chen Jinnian, Zuo Tao, Wang Hongna. 2012. Response of the South China Sea summer monsoon onset to air-sea heat fluxes over the Indian Ocean. Chinese Journal of Oceanology and Limnology, 30（6）：974－979.

Brunke M A, Fairall C W, Zeng X. 2002. Which bulk aerodynamic algorithms are least problematic in computing ocean surface trubulent fluxes？. J Climate, 16：619－635.

Budyko M I. 1956. The heat balance of the earth's surface, translated 1958 by U. S. Dept. of Commerce. Washington D. C. : 259.

Budyko M I. 1963. Atlas of the heat balance of the earth. Glabnaia Geofiz. Observ.

Budyko M I. 1974. Climate and Life. Academic Press: 57 – 62.

Bunker A F. 1976. Computation of surface energy flux and annual air – sea interaction cycles of the North Atlantic. Mon. Weather Rev. , 104: 1122 – 1140.

Fairall C W, Bradley E F, Rogers D P, et al. 1996b. Bulk parameterization of air-sea fluxes for Tropical Ocean – Global Atmosphere Coupled-Ocean Atmosphere Response Experiment. J. Geophys. Res. , 101 (C2): 3747 – 3764.

Fairall C W, Bradley E F, Hare J E, et al. 2003. Bulk parameterization on air-sea fluxes: Updates and verification for the COARE algorithm. J Climate, 16: 571 – 591.

Fairall C W, Bradley E F, Godfrey J S, et al. 1996a. The cool skin and the warm layer in bulk flux calculations. J Geophys Res, 101: 1295 – 1308.

Geernaert G L. 1990. Bulk parameterizations for the wind stress and heat fluxes// Geernaert G L, Plant W J. Surface Waves and Fluxes. Kluwer Academic, Norwell, Mass. , Vol. 1: 91 – 172.

Michael A B, Chris W Fll, Zeng Xubin , et al. 2003. Which Bulk Aerodynamic Algorithms are Least Problematic in Computing Ocean Surface Turbulent Fluxes ? . Journal of Climate, 2003 , 16: 619 – 635.

Panofsky H A, Dutton J A. 1984. Atmospheric Turbulence. New York: Wiley-Interscience: 397.

Smith S D. 1980. Wind stress and heat flux over the ocean in gale force wind. Phys Oceanog, 10: 709 – 726.

Sverdrup H U, Johnson M W, Fleming R H. 1942. The Oceans. Prentice-Hall, Englewood Cliffs, N. J. : 1087.

Wyrtki K. 1965. The average annual heat balance of the North Pacific Ocean and its relation to ocean circulation. J Geophys Res, 70: 4547 – 4559.

第2章 亚印太海区海气热通量变化特征

2.1 亚印太海气界面热通量变化

2.1.1 感热、潜热通量多年平均场

为了解亚印太海区海气热通量的多年平均场的变化特征，本节给出了1988年1月—2009年12月多年平均场的感热通量和潜热通量空间分布特征（图2.1-1）。由图可以看出，在研究海区，感热通量多年平均分布基本是在0~40 W/m² 之间，相对大值出现在黑潮区域，为40 W/m²，在热带南印度洋为30 W/m²，在澳大利亚西海岸为最大，为60 W/m²。最小值出现在赤道印度洋和西太平洋暖池区域，均不大于10 W/m²。

潜热通量的多年平均场的分布特征与感热通量相似，最大值出现在黑潮区域和热带南印度洋区域，其最大值分别为140 W/m² 和180 W/m²；最小值出现在赤道印度洋和西太平洋暖池区域，均不大于120 W/m²。

2.1.2 感热、潜热通量季节变化

上节给出了亚印太海区海气感热通量和潜热通量的多年平均分布，了解了感热通量和潜热通量的大致空间变化特征。本节给出不同季节的空间分布，以期提供更为详细的变化特征。图2.1-2是亚印太海区海气感热通量和潜热通量的季节变化图。1月份感热通量的分布与多年平均场分布特征大致相同，最大值出现在黑潮区域，最大值不小于60 W/m²；4月份的分布特征与1月份大致相同，只是位于黑潮区域的热通量值有所减小。7月份的感热通量分布出现明显不同，位于黑潮区域的热通量值为0 W/m²。而南印度洋区域出现明显的大值区，其最大值不小于60 W/m²。另外，在阿拉伯海也出现了一个不小于50 W/m² 的区域。10月份黑潮区域热通量又出现了增加的趋势，最大值不小于20 W/m²。位于南印度洋的最大值区移向澳大利亚，最大值不小于60 W/m²。位于阿拉伯海区域的大值区已消失。

潜热通量的季节变化（见图2.1-3）与感热通量的季节变化趋势基本一致，只是量值明显增大。1月份的最大值仍然出现在黑潮区域，其值不小于210 W/m²。4月份位于黑潮区域的通量值有所减小（最大值为120 W/m²）。在南印度洋开始出现一带状大值区，最大值不小于180 W/m²。7月份，黑潮区域的潜热通量值已减小至不大于120 W/m²，而南印度洋出现了明显的大值区，其值不小于270 W/m²，位于阿拉伯海同样也出现了大值区（最大值为210 W/m²）。10月份黑潮区域又出现了不小于150 W/m² 的大值区，位于南印度洋的最大值区域开始减小，量值减小为180 W/m²。

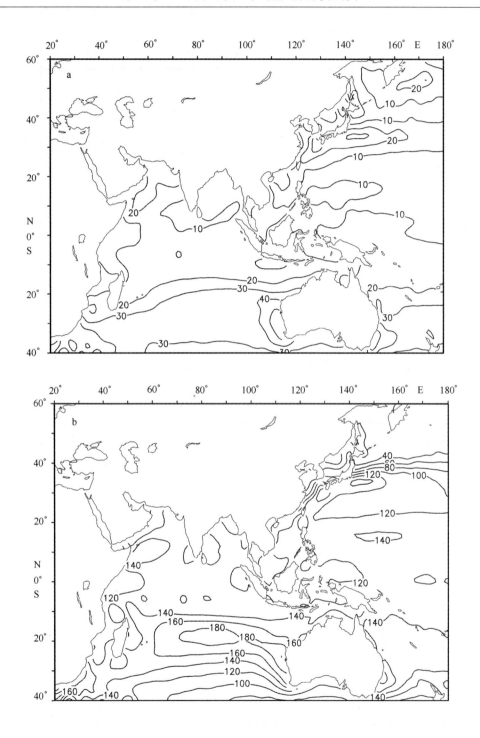

图 2.1-1　亚印太海区海气感热通量（a）和潜热通量（b）

多年平均场（1988—2009 年）（W/m²）

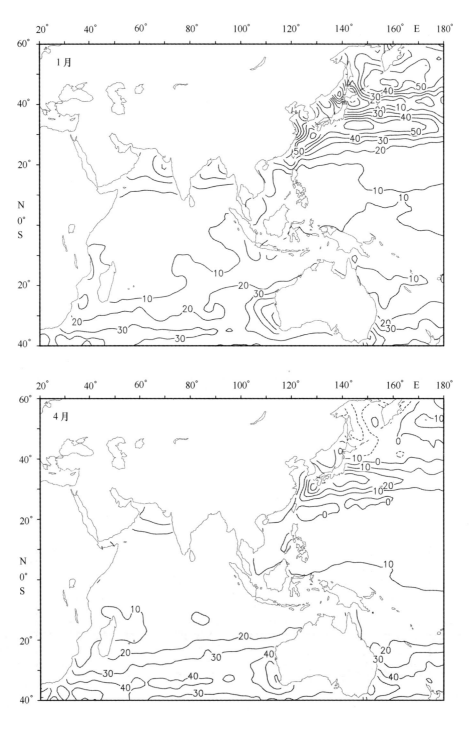

图 2.1-2（接下页）

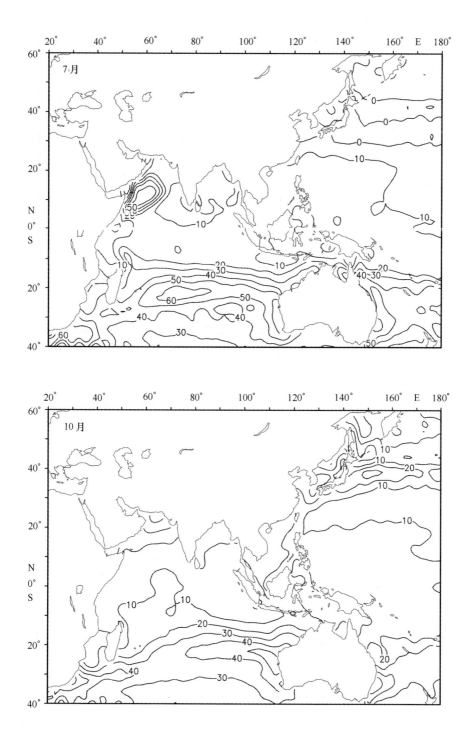

图 2.1-2 亚印太海区海气感热通量季节变化 (W/m²)

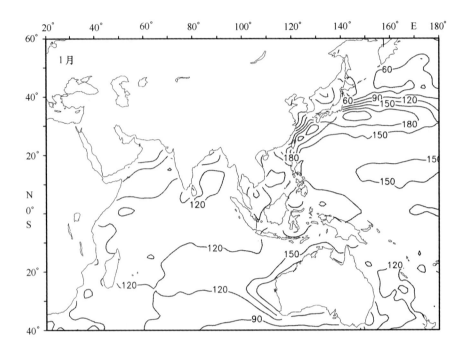

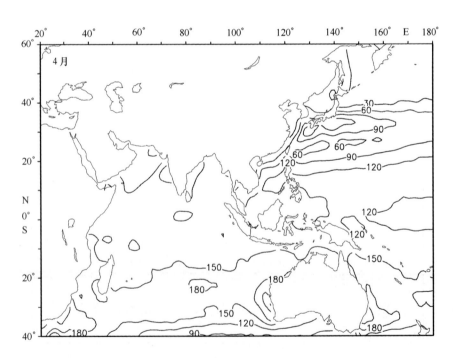

图 2.1 - 3（接下页）

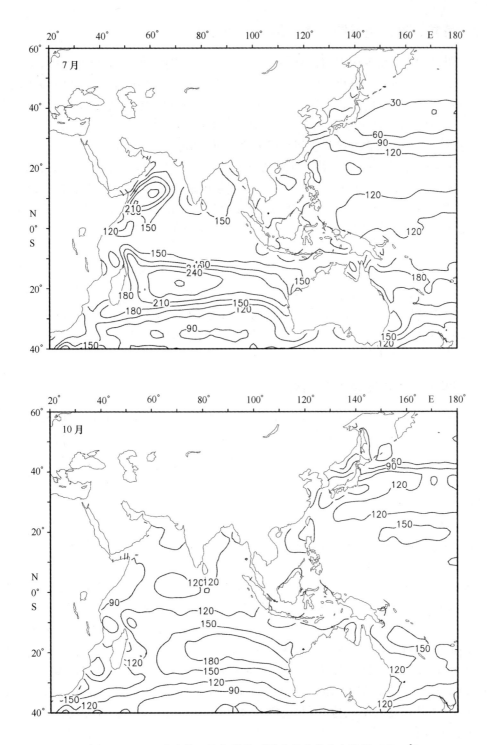

图 2.1 – 3　亚印太海区海气潜热通量季节变化分布特征（W/m²）

2.1.3　感热、潜热通量随经度、纬度时间变化

为了更进一步了解亚印太海区感热通量和潜热通量随经度和纬度的变化特征，对研究海区的热通量进行了分析，给出了该海区感热通量和潜热通量纬度－时间变化剖面图（见图2.1－4）。由图2.1－4a可以看出，亚印太海区的感热通量的最大变化出现在5—9月，且位于20°～40°S之间，最大值不小于40 W/m²；北半球最大值出现在10月—翌年3月，位于25°～40°N之间，最大值在30～40 W/m²之间。

图2.1－4b是潜热通量纬度－时间剖面图，可以看出，其变化与感热通量大致相同，所不同的是量值具有明显的变化。最大值仍然出现在5—9月，且位于20～40°S之间。北半球10月—翌年3月，位于25°～40°N之间仍存在一个相对大值区，最大值在120～140 W/m²之间。另外，在热带区域（10°～20°N），5—7月出现一相对大值区（最大值为140 W/m²）。

图2.1－5是亚印太海区平均年变化曲线图，由图可以更为直观地看出，无论是感热通量还是潜热通量均存在半年周期，感热通量的峰值分别出现在7月和12月，谷值分别出现在4月和10月；潜热通量的峰值分别出现在6月和12月，谷值出现3月和11月。由此可以说明，在上半年，潜热通量的变化要早于感热变化1个月；下半年，潜热通量变化要迟于感热通量1个月。

2.1.4　感热、潜热通量的长期变化

图2.1－6和图2.1－7分别是亚印太海区海气感热通量和潜热通量长期变化特征。由图可以看出，感热通量和潜热通量的变化趋势基本一致，所不同的是量值上存在差异。不同月份的感热通量和潜热通量在多年变化中具有明显的差异，尤其是1和4月份的感热通量和潜热通量变化基本一致，而7和10月份的变化基本一致。1和4月份与7和10月份的感热通量和潜热通量出现明显的反位相变化，特别是在20世纪90年代初和21世纪初出现显著的变化，在20世纪90年代，1和4月出现明显的正距平，而7和10月则出现明显的负距平。在21世纪初的1和4月出现明显的负距平，而7和10月则出现明显的正距平。

由图2.1－8和图2.1－9可以看出，自1988—2009年间，感热通量在多年季节变化存在较大的变化，在20世纪90年代中期之前，1—5月出现明显的正距平，6—12月出现明显的负距平。在21世纪初出现完全相反的分布特征，1—4月出现明显的负距平，5—12月出现明显的正距平。潜热通量与感热通量也存在类似的分布特征，20世纪90年代初期，1—5月出现正的距平，但这种正的距平随着时间的推移逐渐减小。而负距平由6—7月开始，随着时间的增加逐渐增大，最大中心依然维持在6—8月份。在21世纪初，潜热通量的变化与20世纪90年代初期完全相反，1—4月出现负的距平，5—12月出现正的距平。

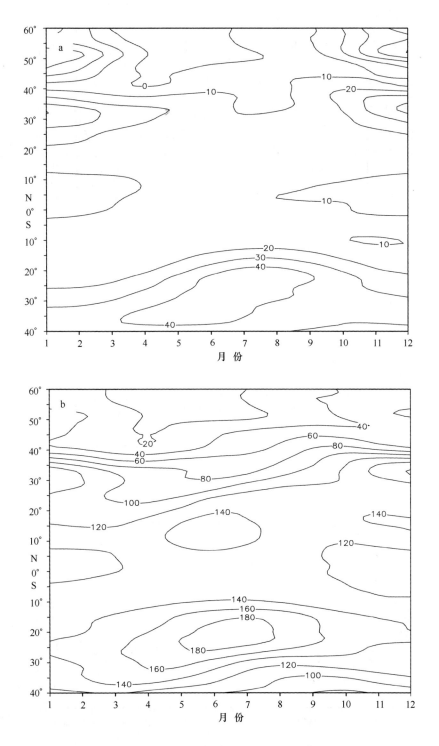

图 2.1 - 4　亚印太海区海气感热通量（a）和潜热通量（b）
纬度 - 时间变化剖面图（W/m²）

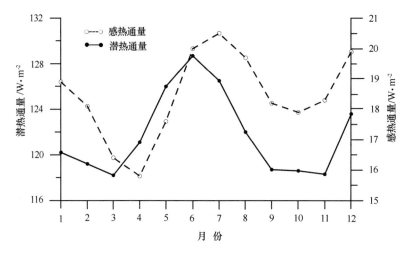

图 2.1-5 亚印太海区海气热通量年变化

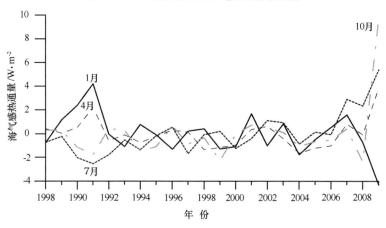

图 2.1-6 亚印太海区海气感热通量年际距平变化

粗实线：1月；细长虚线：4月；细点虚线：7月；粗实点线：10月

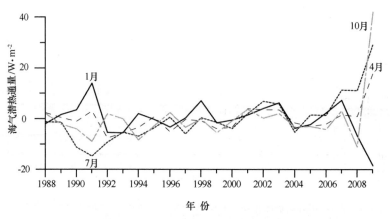

图 2.1-7 亚印太海区海气潜热通量年际距平变化

粗实线：1月；细长虚线：4月；细点虚线：7月；粗实点线：10月

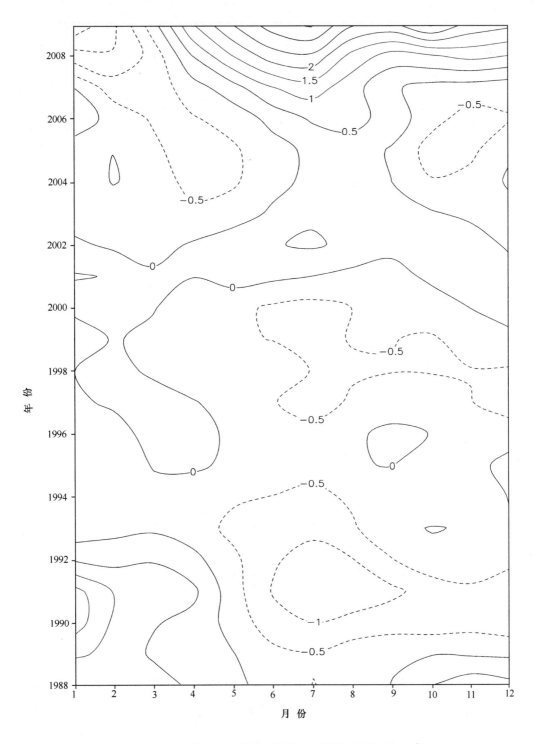

图 2.1 - 8　亚印太海区感热通量多年季节距平变化（W/m²）

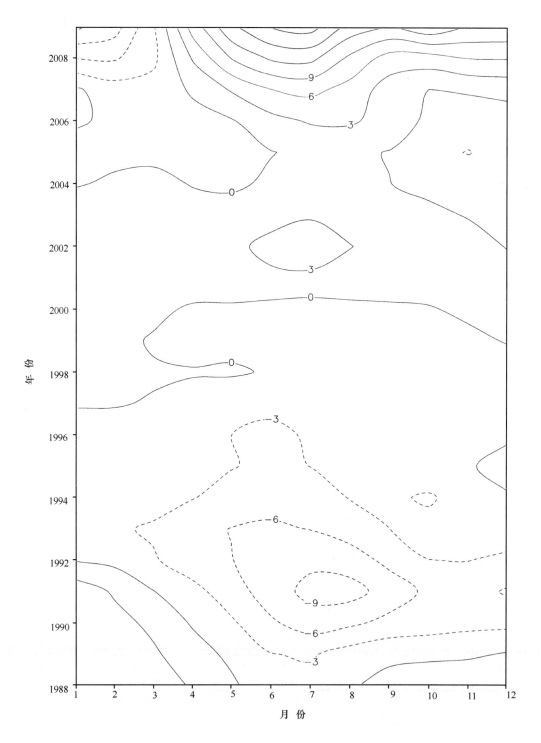

图2.1-9　亚印太海区潜热通量时间演变图（W/m²）

2.1.5 结论

由上述分析结果表明，亚印太海区的海气热通量多年平均场在空间分布上具有明显的变化特征，无论是感热通量还是潜热通量，其最大值均出现在黑潮区域和南半球的热带南印度洋区域；最小值出现在赤道印度洋和西太平洋暖池区域。

由季节变化分析结果表明，在黑潮区域，冬季的感热和潜热通量最大。在南半球冬季（6—8 月）热带印度洋区域为最大。黑潮区域的感热和潜热通量最大值分别不小于 60 W/m^2 和不小于 210 W/m^2；热带南印度洋的感热和潜热通量最大值分别不小于 60 W/m^2 和不小于 270 W/m^2。

感热和潜热通量随经、纬度变化特征分析结果表明，感热通量和潜热通量的最大值位于 20°~40°S 之间，时间出现在 5~9 月；而北半球的最大值位于 25°~40°N 之间，时间出现在 10 月—翌年 3 月。由此可以认为，无论是北半球还是南半球，感热和潜热通量的最大值均出现在冬季，夏季相对偏小。

由亚印太海区的平均年变化来看，感热通量和潜热通量均存在半年周期，感热通量的峰值出现 7 月和 12 月；谷值出现在 4 月和 10 月。潜热通量的峰值出现在 6 月和 12 月；谷值出现在 3 月和 11 月。

亚印太海区感热和潜热通量具有明显的年际和年代际变化特征，且不同月份之间也存在不同的变化，1 月和 4 月的变化趋势基本一致，7 月和 10 月的变化趋势基本一致。但它们之间呈现明显的反位相关系。当 1 月和 4 月的感热和潜热通量出现正距平时，7 月和 10 月份的感热和潜热通量将会出现负距平，反之亦然。

感热通量和潜热通量在 20 世纪 90 年代初之前均出现上半年为正距平，下半年为负距平；而在本世纪初，出现与之相反的格局，上半年出现负距平，下半年出现正距平。

2.2 南海区域海气界面感热、潜热通量变化

研究表明，不同海区的海洋变化对局地大气环流和天气过程，以及中国气候变化的影响具有不同作用，为此，我们将分别分析不同海区海气热通量的变化特征及其气候效应。为研究方便，我们将研究海区分为南海区域、黑潮区域、西太平洋暖池区域、北印度洋区域（包括阿拉伯海和孟加拉湾）、热带印度洋区域和南印度洋区域等（见图 2.2 – 1）。

南海区域上层海温场异常变化对局地大气环流和天气过程有重要影响（毛江玉等，2000），尤其对南海夏季风爆发具有重要的关键作用（陈隆勋等，1999；谢安等，1999；赵永平等，1999；梁建茵和吴尚森，2002），因此，本节将重点分析讨论南海区域海气热通量的时空变化特征，以期为南海夏季风的深入研究和预测提供理论依据。

2.2.1 感热、潜热通量多年平均场

为了客观反映南海海气热通量变化特征，给出了南海区域多年平均的感热通量和潜热通量空间分布图（见图 2.2 – 2）。由图可以看出，南海区域多年平均感热通量基本维持在 5~15 W/m^2，最大值出现在巴士海峡。潜热通量的空间分布与感热通量大致相

同，多年平均为 100～150 W/m² 之间，最大值出现在巴士海峡，另外次最大值出现南海中部，且呈东北—西南向，南海北部和南部相对偏小。

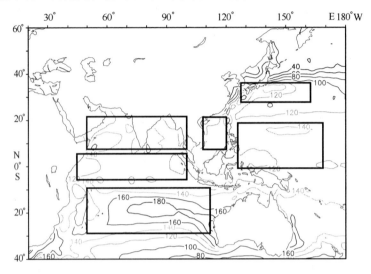

图 2.2 - 1　关键海区的划分

黑潮区域：25°～35°N，12.5°～160.0°E；暖池区域：20°N～赤道，125°～170°E；南海区域：5°～
20°N，110°～120°E；北印度洋区域：5°～25°N，45°～100°E；南印度洋区域：10°～30°S，
50°～110°E；赤道印度洋区域：5°N～5°S，40°～100°E

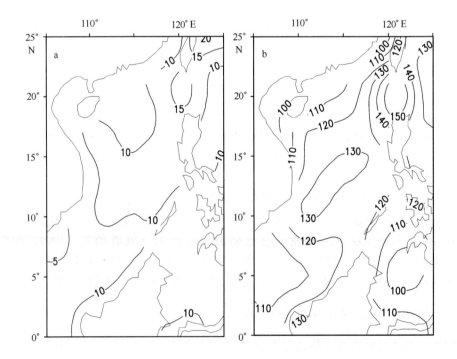

图 2.2 - 2　南海区域海气感热（a）和潜热（b）通量多年平均场（W/m²）

2.2.2　感热、潜热通量季节变化

图 2.2 - 3a，b 是南海区域感热和潜热通量的季节变化图，由图可知，感热通量
和潜热通量的变化特征基本一致，感热通量的最大值出现在南海中北部（10°～
18°N）的 5—8 月份，最大值为 15 W/m²；最小值出现在南海南部的秋冬和春季。另
外在台湾海峡和巴士海峡存在一极大值和极小值，分别出现在冬季和春季，其值分
别大于等于 20 W/m² 和 3 W/m²。

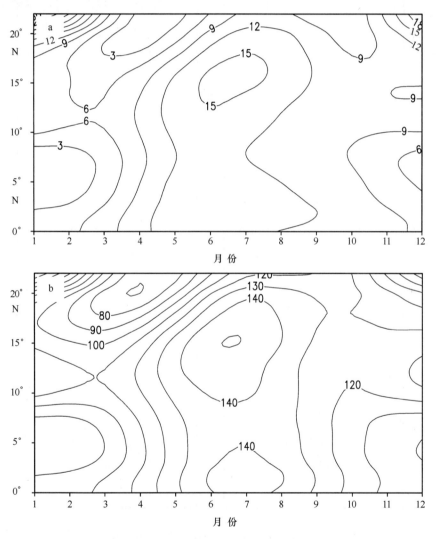

图 2.2 - 3　南海区域海气热通量纬度 - 时间变化剖面（W/m²）
a. 感热通量；b. 潜热通量

潜热通量的空间分布的最大值出现在南海中北部的 5—8 月份，最大值为 150 W/
m²；最小值出现在南海南部的秋冬和春季，其值小于等于 100 W/m²。在台湾海峡和

巴士海峡同样存在一极大值和极小值，它们分别出现在冬季和春季，极大值不小于
160 W/m²，极小值不大于 70 W/m²。

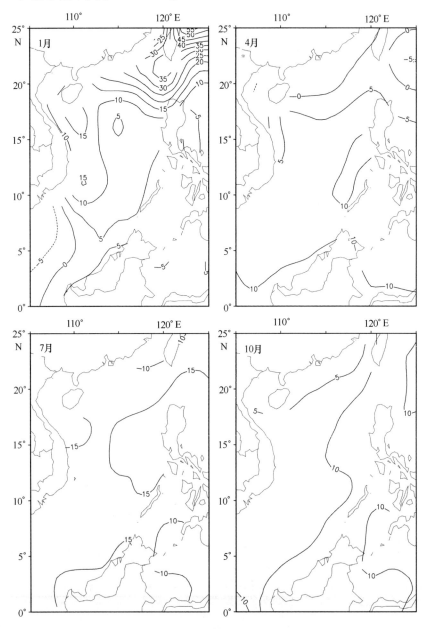

图2.2-4 南海区域海气感热通量季节变化（W/m²）

为更清楚了解南海热通量的季节变化，给出了南海区域不同季节分布图，见图
2.2-4 和图2.2-5。1月，感热通量存在较明显的空间分布特征，最大值出现在台
湾-巴士海峡，最大值大于等于 35 W/m²；最小值出现在南海南部的 105°~110°E，
其值为 -5 W/m²。从整体来看，冬季（1月）南海主要是海洋向大气输送热量，但

南海西南部存在一弱的大气向海洋提供热量区域，但量值较小。4 月，南海北部巴士海峡附近的极大值迅速消失，变成了相对小值区，南海北部沿海出现 0 值区域，在北部湾甚至出现负值。南海南部感热通量有所增大。总的看来，在春季，南海区域中部和南部有所增大外，其他区域出现明显减小趋势。7 月份，整个南海区域基本维持在 10 ~ 15 W/m² 之间，较 4 月份有所增大。10 月份，相比 7 月份有所减小，整个区域维持在 5 ~ 10 W/m²。

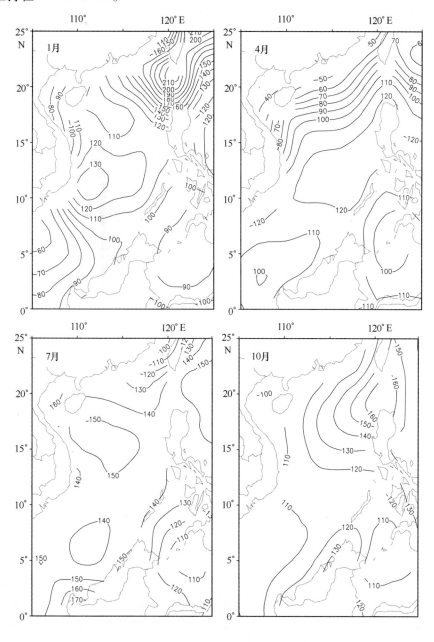

图 2.2 - 5　南海区域海气潜热通量季节变化（W/m²）

　　潜热通量与感热通量相比，具有相同的变化特征，只是量值较感热通量明显增大。其增大近乎一个量级（见图 2.2 - 5）。

　　为了更清楚地了解南海区域海气热通量的年变化特征，对感热通量和潜热通量进行区域平均并给制成曲线图（图 2.2 - 6）。感热通量和潜热通量均具有显著的年变化，且呈现明显的半年周期。峰值出现在 6 月和 12 月，谷值出现在 3 月和 10—11 月。感热通量的峰值分别是 14.4 W/m² 和 8.8 W/m²；谷值分别是 3.4 W/m² 和 8.2 W/m²。潜热通量的峰值分别是 144 W/m² 和 124 W/m²；谷值分别是 88 W/m² 和 118 W/m²。从时间上来看，南海区域的感热或潜热通量 3 月达最小值，4 月开始增加，直到 6 月达最大，之后 7 月开始减小，直到 10—11 月达最小。

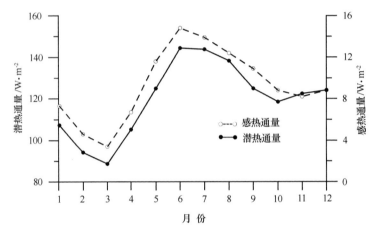

图 2.2 - 6　南海区域海气热通量年变化

2.2.3　感热、潜热通量随经度、纬度时间变化

　　为反映南海区域海气热通量的时空分布特征，给出了海气热通量随经度 - 时间剖面图（图 2.2 - 7a，b）。由图可以看出，感热通量与潜热通量的时间分布形态大致相同。感热通量，在 1—3 月是一年中最小，在南海西南部甚至出现负值。3 月之后，开始增大直至 6—7 月，最大值可达 14 W/m²，7 月之后开始减小。在空间分布上，南海中西部的变化最为显著。潜热通量与感热通量具有相同的分布特征，1—3 月是一年中最小值发生时间，且出现在南海西南部，随着时间的推移，潜热通量在 6—7 月达最大，其值不大于 140 W/m²；之后开始逐渐减小。而且显著变化也出现在南海中西部。

2.2.4　感热、潜热通量年际变化

　　为了了解南海区域海气热通量的长期变化特征，图 2.2 - 8 给出了南海区域海气感热和潜热通量的多年变化曲线，由图可知，感热通量和潜热通量有明显的年际变化特征。为了更加清楚反映南海区域海气热通量不同季节的多年变化，给出了多年季节变化图（图 2.2 - 9，图 2.2 - 10），可以看出在 1988—2009 年期间，在 20 世纪 80 年代，

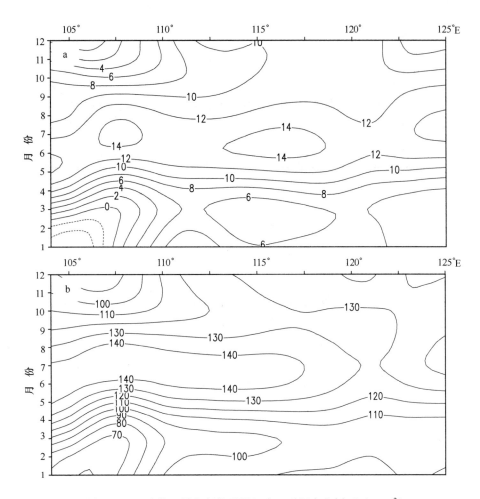

图 2.2 - 7　南海区域海气热通量经度 - 时间变化剖面（W/m²）

a. 感热通量；b. 潜热通量

感热通量为负的距平，在 90 年代出现正的距平。尤其是夏半年的变化更为显著。潜热通量与感热通量的多年不同季节变化具有相同的变化趋势，在 20 世纪 80 年代期间，南海区域的潜热通量基本维持在负的距平，即意味着南海区域向大气输送的热量较常年偏少；90 年代前期，南海区域出现了正的距平，即南海区域较常年向大气输送的热量偏多。另外，由图还可以看出，无论感热通量还是潜热通量异常的季节变化不同，在 20 世纪 90 年代，最大负距平中心出现在 7—9 月份；而在 20 世纪 90 年代出现的最大正距平中心在 4—7 月份。这种季节变化对海洋和大气环流的影响会存在较大的差异。

图 2.2 - 11 和图 2.2 - 12 分别是南海区域感热和潜热通量不同季节的多年变化曲线。由图可以看出，无论是感热通量还是潜热通量的变化基本一致，1 月和 7 月的变化振幅最大，4 月和 10 月变化振幅相对偏小。感热通量的最大异常值可达 5 W/m² 以上，最小异常值小于 −5 W/m²。潜热通量的最大异常值可达 40 W/m² 以上，最小异常值小于 −30 W/m²。

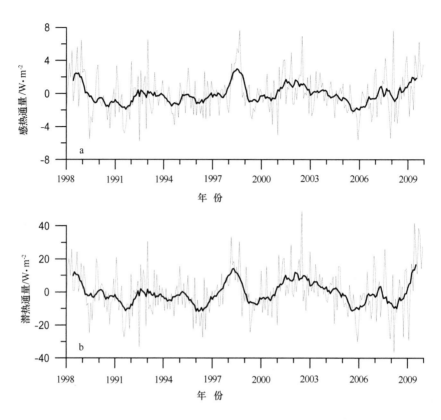

图 2.2 - 8　南海区域海气感热 (a) 和潜热 (b) 通量年际变化

粗实线: 11 个月滑动平均

为了深入分析南海区域海气热通量的年际和年代际变化特征, 为预测南海夏季风爆发以及强度和推进提供可靠依据, 尤其是为中国降水的时空异常分布的研究提供参考。

由小波分析和功率谱分析结果表明, 南海区域海气热通量变化具有显著的年际变化和年代际变化特征。感热通量具有 4 ~ 6 年和 11 ~ 13 年的显著周期 (见图 2.2 - 13b₁), 而由小波分析 (图 2.2 - 13a₁) 得知, 20 世纪 80 年代和 90 年代初, 4 ~ 6 年周期明显, 但 90 年代未这一周期基本消失。而 11 ~ 13 年周期始终存在。

潜热通量与感热通量的周期大致相同, 主要周期为 3.5 ~ 6 年和 11 ~ 14 年。由小波分析可知, 前者在 20 世纪 80 年代的周期较为明显, 90 年代有些减弱。而后者一直维持。

2.2.5　结论

南海区域是南半球过赤道气流, 以及来自印度洋气流影响东亚气候变化的重要通道, 特别是南海夏季风爆发的重要发生地。因此, 南海区域的热通量和水汽通量的变化对中国以及东亚大气环流和气候变化具有不可忽视的关键作用。

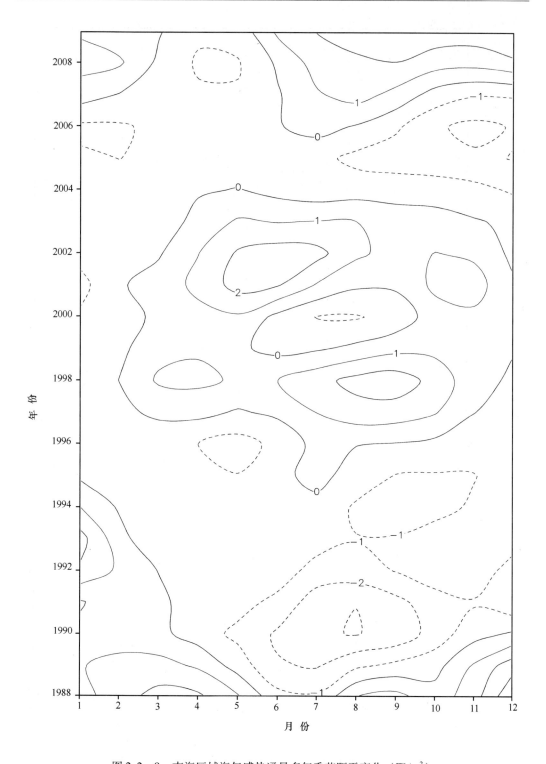

图 2.2-9　南海区域海气感热通量多年季节距平变化（W/m²）

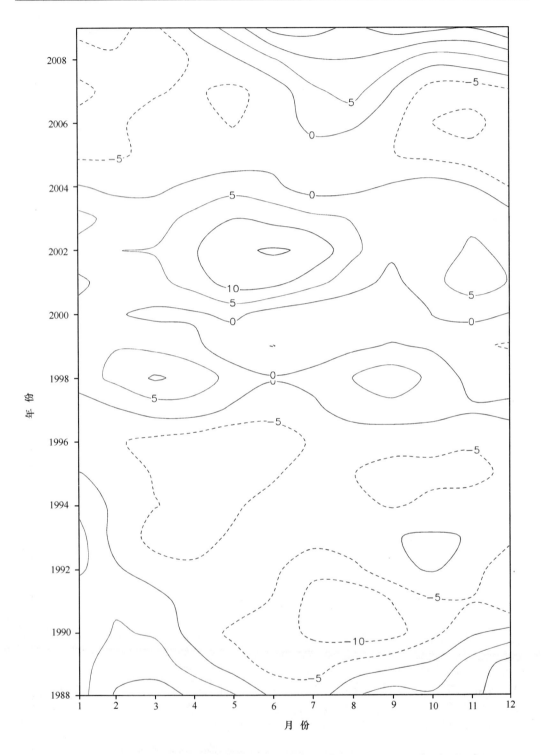

图 2.2 − 10　南海区域海气潜热通量多年季节距平变化（W/m²）

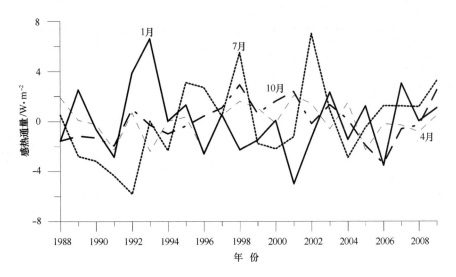

图 2.2 - 11　南海区域海气感热通量年际距平变化

粗实线：1 月；细长虚线：4 月；细点虚线：7 月；粗实点线：10 月

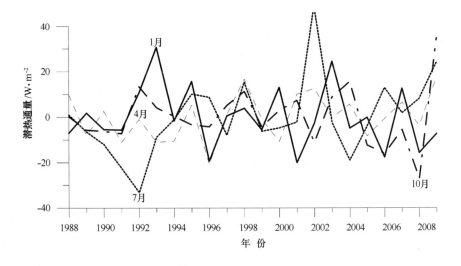

图 2.2 - 12　南海区域海气潜热通量年际距平变化

粗实线：1 月；细长虚线：4 月；细点虚线：7 月；粗实点线：10 月

上述分析结果表明，南海区域海气热通量具有明显的季节变化，且时空分布变化显著，在一年中，最大变化出现在 4—9 月，且主要发生在南海中部。由多年平均来看，感热通量最大值为不小于 15 W/m^2；潜热通量最大值不小于 140 W/m^2。感热通量和潜热通量均存在显著的半年周期。

在年际和年代际变化中，南海区域的感热通量和潜热通量具有明显的 3.5～6 年和 11～14 年的周期。前者周期与 ENSO 发生周期相吻合，后者周期与太阳黑子的变化周期基本一致。

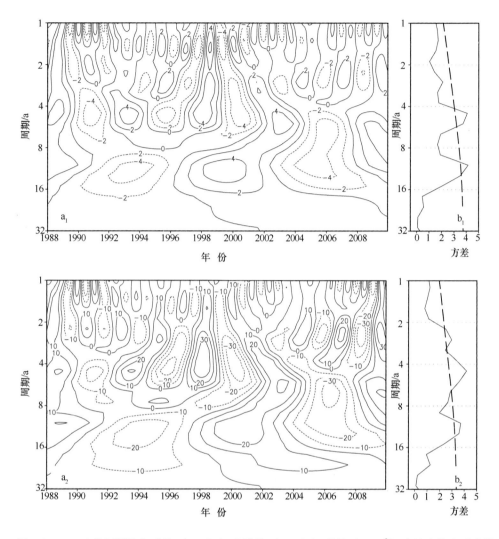

图 2.2 – 13　南海区域海气感热（a_1，b_1）和潜热（a_2，b_2）通量（W/m²）小波变换和功率谱

2.3　印、太暖池区域海气感热、潜热通量变化

印度洋 – 太平洋暖池是世界海洋中海水温度最高的区域，它的变动不仅对 ENSO 循环过程具有重要影响，而且对局地乃至东亚气候的影响也是至关重要的。因此，对其研究已成为几十年来最为热门的研究课题之一。暖池影响气候异常变化的重要途径之一是通过 ENSO 循环，导致赤道太平洋海表温度出现异常分布，进而影响中低纬度大气环流而实现的。另外，暖池可以通过海气热通量直接影响其上空大气环流，最终对中低纬度气候产生影响。而无论是前者还是后者，其影响机理是相同的，那就是通过海气界面的热量和水汽通量影响大气环流，导致气候异常变化。因此，分析研究该海区的热通量过程对深入探讨和研究东亚气候变化具有重要科学意义。

2.3.1　感热、潜热通量多年平均场

图 2.3 – 1 是印、太暖池区域多年气候态海气热通量空间分布特征，由图可以看出，感热通量的最大值主要出现在澳大利亚东西两侧，最大值为 20 ~ 30 W/m²。位于 20°N ~ 10°S 之间的感热通量基本维持在 10 W/m² 左右。潜热通量与感热通量的空间分布大致相同，最大值位于澳大利亚东西两侧，最大值可达 150 W/m²（东侧）和 180 W/m²（西侧）。20°N ~ 10°S 之间基本维持在 110 ~ 140 W/m² 之间。最小值出现在 10°N ~ 10°S 纬带上。

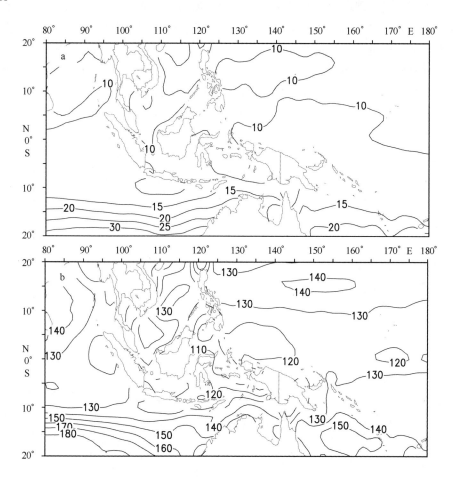

图 2.3 – 1　印、太暖池区域海气热通量多年平均场（W/m²）
a. 感热通量；b. 潜热通量

2.3.2　感热、潜热通量季节变化

为了解印、太暖池区域海气热通量的季节变化特征，给出了 1 月、4 月、7 月和 10 月气候态空间分布图。图 2.3 – 2 是感热通量的气候态空间变化图，由 1 月的分布图来看，除了中南半岛两侧和澳大利亚以西出现相对偏大的通量外，整个印、太暖池区域

的感热通量基本是在 10 W/m² 左右。2 月感热通量的空间分布与 1 月出现了一些变化，赤道以北，较 1 月份减小，最小值减小为 3 W/m² 左右；而赤道以南有所增加，最大值增大到 12 ~ 15 W/m²。也就是南增北减。7 月除了仍保持南大北小的格局外，数值上普遍增加，澳大利亚东西均增加到 40 ~ 50 W/m²，而其他区域基本保持在 10 W/m² 左右。10°N 以北较 4 月有所增加，10°N ~ 10°S 之间有所减小。10 月和 7 月的空间分布大致相同，除了澳大利亚东西侧出现相对偏小外，其他区域基本维持不变。

潜热通量的季节变化非常明显（见图 2.3 - 3），1 月潜热通量最大值与感热通量的分布基本相似，仍出现在澳大利亚东西部，最大值为 140 W/m² 左右。另外，菲律宾以东出现一大值区，最大值为 160 W/m²。其他区域基本保持在 100 ~ 120 W/m² 之间。4 月，赤道以南区域与 1 月相比变化较小，较大变化区域出现在东印度洋和菲律宾以东，前者较 1 月有所增加，而后者有所减小。7 月，赤道以南出现明显较 4 月增大的趋势，由 4 月的最大值 160 W/m² 增加到 200 ~ 240 W/m²。其他区域基本不变。10 月的潜热通量较 7 月有所变化，赤道以南较 7 月出现明显减小，东印度洋区域也出现减小趋势，菲律宾以东较 7 月有所增大。

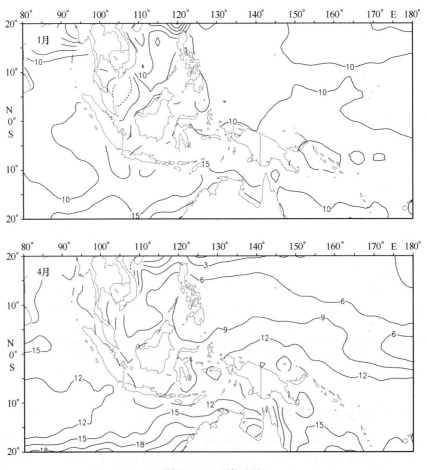

图 2.3 - 2（接下页）

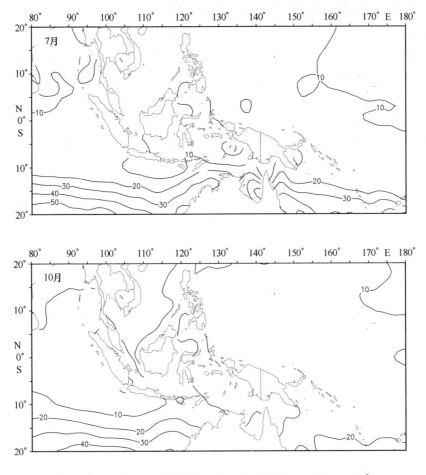

图 2.3 - 2　印、太暖池区域海气感热通量气候态变化（W/m²）

　　为了更为直观地了解印、太暖池区域海气热通量的季节变化，对研究区域进行了分析计算并绘制成图（见图 2.3 - 4）。由图可以非常清楚地看出，感热通量与潜热通量的季节变化基本一致，均呈现年周期变化特征，最大值出现在夏季，最小值出现在冬季。只是在最大值的出现时间上存在一定的差异，感热通量是在 8 月，而潜热通量是在 6 月，比感热通量提前 2 个月。

　　图 2.3 - 5 是印、太暖池区域感热通量的不同季节不同年份的变化特征，由图可以看出，在 20 世纪 90 年代初，感热通量出现明显的负距平，尤以夏季最为明显。其后，在 2000—2003 年出现相对较弱的转换，但持续时间较短。在本世纪初，出现了明显的正距平。

　　潜热通量在不同年份的季节变化过程中，与感热通量的变化基本一致，所不同的是距平值明显较感热通量大（见图 2.3 - 6）。

2.3.3　感热、潜热通量随经度、纬度时间变化

图 2.3 - 7 是印、太暖池区域热通量随经度和纬度的变化图。图 2.3 - 7a 是感热通量时间 - 经度剖面图，由图 2.3 - 7 可知，感热通量的显著变化出现在 130°E 以西，最大值为 20 W/m²，最小值为 10 W/m² 左右。年较差为 10 W/m² 左右。在 130°E 以东，最大值为 16 W/m²，出现在夏季，最小值为 10 W/m²，出现在冬春季节，年较差为 6 W/m² 左右。

图 2.3 - 7b 是潜热通量时间 - 经度剖面图，其变化特征与感热通量基本一致，显著变化出现在 130°E 以西，最大值出现在夏季，最小值出现在冬季。所不同的是，量值较感热通量明显偏大。最大值为 170 W/m²，最小值为 100 W/m²，年较差为 70 W/m² 左右。在 130°E 以东，潜热通量的变化较小，基本保持在 130 W/m² 左右。年较差几乎为 0 W/m²。

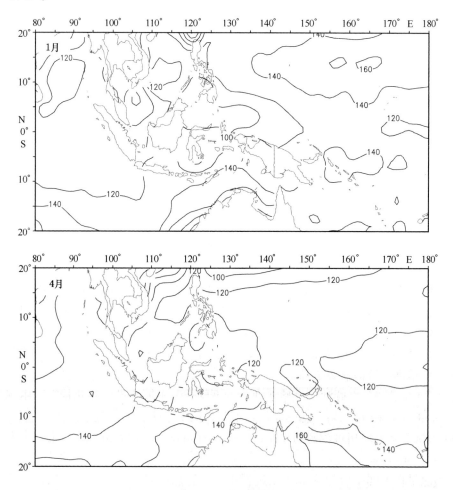

图 2.3 - 3（接下页）

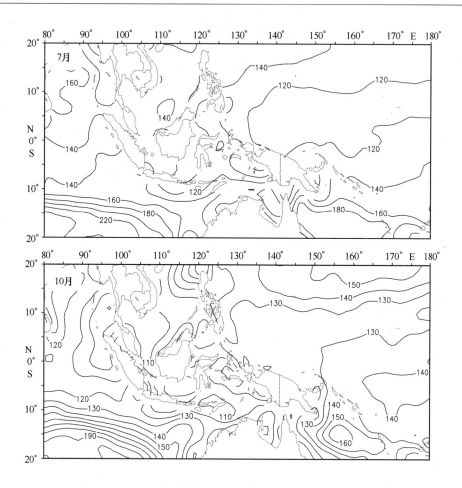

图 2.3-3　印、太暖池区域海气潜热通量气候态变化（W/m²）

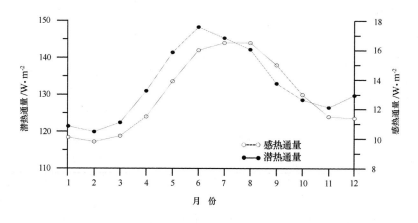

图 2.3-4　印、太暖池区域海气热通量年变化

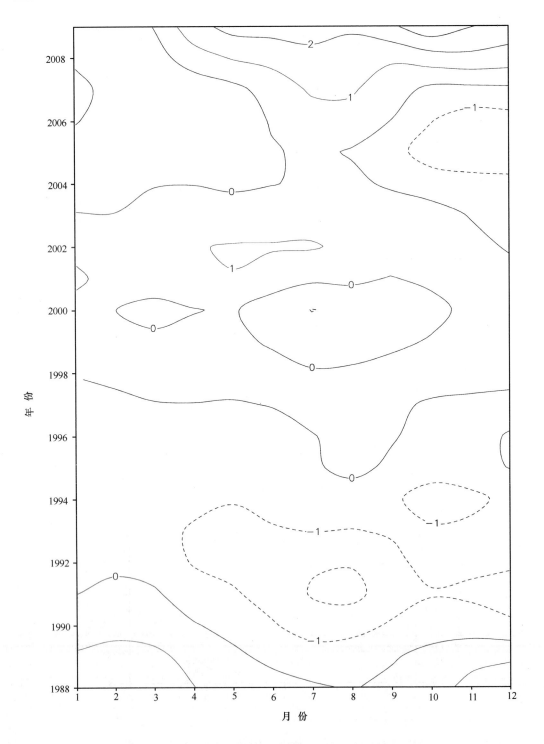

图 2.3 – 5　印、太暖池区域海气感热通量时间演变（W/m^2）

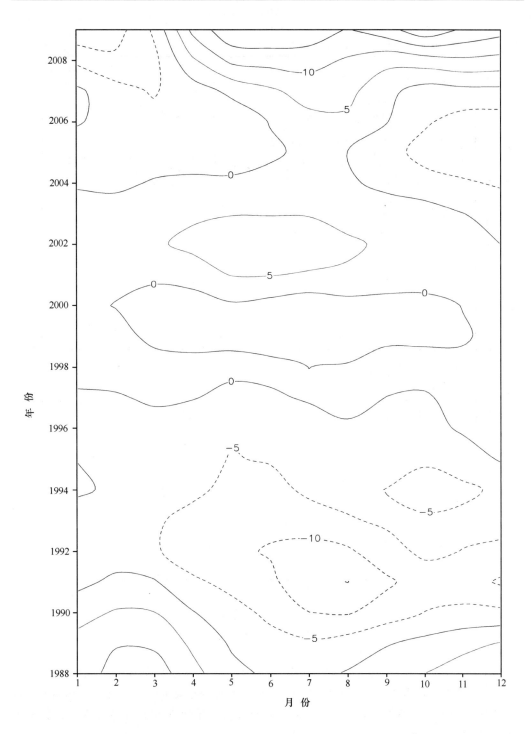

图 2.3 - 6 印、太暖池区域海气潜热通量时间演变（W/m²）

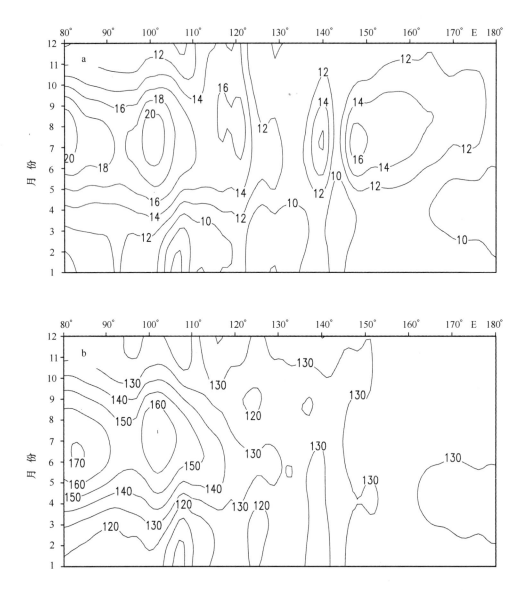

图 2.3 - 7　印、太暖池区域海气热通量纬度 - 时间剖面（W/m²）
a. 感热通量；b. 潜热通量

　　图 2.3 - 8 是印、太暖池区域海气热通量时间 - 纬度变化剖面图。从图上可以看出，印、暖池区域感热通量在冬季的变化较小，夏季变化较为明显。最大值出现在 6 - 10 月份，其值可达 40 W/m²，主要出现在 10°S 以南。最小值出现在冬春季节，其值为 5 W/m² 左右。

　　潜热通量的最大变化主要发生在夏季，最大值为 190 W/m² 以上，出现在 10°S 以南。最小值出现在冬春季节为 100 W/m² 左右。赤道地区随时间的变化基本较小，维持在 110～130 W/m² 之间。

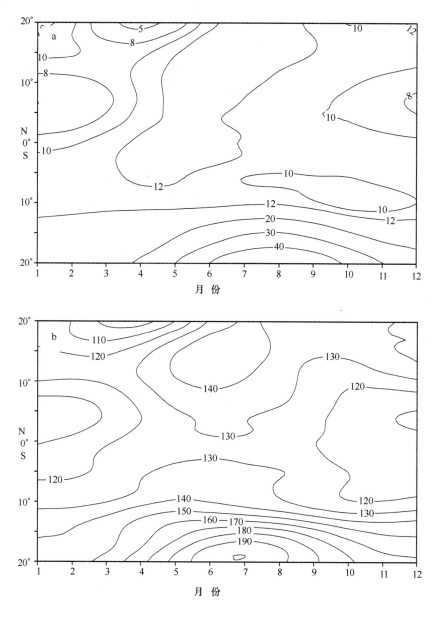

图 2.3 - 8 印、太暖池区域海气热通量纬度 - 时间变化剖面 (W/m²)

a. 感热通量；b. 潜热通量

2.3.4 感热、潜热通量年际变化

图 2.3 - 9 是印、太暖池区域海气热通量的长期变化曲线，由图可知，无论是感热通量还是潜热通量均存在明显的年际变化特征。为了更清楚地提供感热通量和潜热通量的显著周期变化，对其进行了小波变换和功率谱分析（见图 2.3 - 10）。图 2.3 - 10a₁

和 b_1 是感热通量的小波变换和功率谱，可以看出，显著周期主要出现在 7 年和 11 年的频段上，由功率谱分析结果表明，这两个频段上的周期已达到 95% 的信度，这说明 7 年和 11 年周期是显著的。

图 2.3 – 10a_2 和 b_2 分别是潜热通量的小波变换和功率谱，可以看出，其周期变化与感热通量相似，均存在 7 年和 11 年周期，而且也通过了 95% 的信度检验。

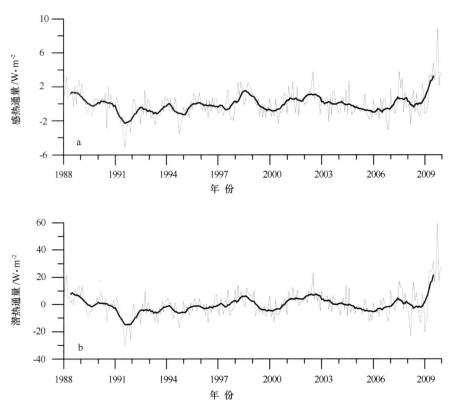

图 2.3 – 9　南海区域海气感热（a）和潜热（b）通量年际变化
粗实线：11 个月滑动平均

2.3.5　结论

印太暖池区域是全球海气相互作用最为强烈的海区，它的变动不仅对东亚气候产生重要影响，而且对全球的影响也是不可忽视的。由海气热通量的气候态变化来看，在 20°N ~ 10°S 之间的感热通量基本维持在 10 W/m² 左右，潜热通量在 110 ~ 140 W/m² 之间。最大值主要出现在澳大利亚的东西两侧，感热和潜热通量分别保持在 20 ~ 30 W/m² 和 150 ~ 180 W/m²。

在季节变化中，感热和潜热通量均存在年周期变化，峰值出现在夏季，谷值出现在冬季。感热通量的最大值出现在 8 月，潜热通量最大值出现在 6 月，比感热通量要偏早 2 个月。另外，感热和潜热通量均存在准 7 年和准 11 年显著周期。

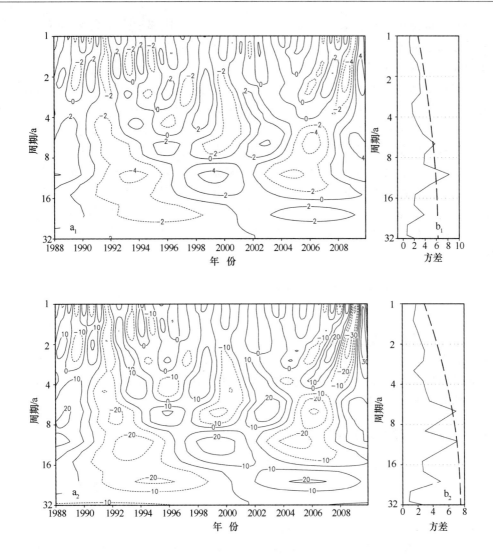

图 2.3 – 10　印、太暖池区域海气热通量（W/m²）小波（a₁，a₂）
和功率谱（b₁，b₂）分析
a₁，b₁. 感热通量；a₂，b₂. 潜热通量

2.4　黑潮区域海气感热、潜热通量变化

黑潮是世界大洋中著名的洋流之一，黑潮源自北赤道流西端，经菲律宾，紧贴中国台湾东部进入东海，然后经琉球群岛，沿日本列岛的南部流去，于 35°N，142°E 附近海域结束行程。在琉球群岛附近，黑潮分出一支向北进入到黄海和渤海。它的干流一直向东，可以到 160°E，黑潮的总行程有 6 000 km。

黑潮海流具有高温、高盐的特点。据调查，黑潮的表层水温都比较高。夏季在

27~30℃，即使在冬季，表层水温也不低于20℃，它比邻近海水高5~6℃，因此，人们又把黑潮称之为"黑潮暖流"。因为黑潮暖流携带大量的热能，黑潮的部分暖水直接或间接参与了陆架海区的环流。

黑潮在全球热平衡中起到重要作用，一是它将热带相对暖的海水带到中高纬度，影响中高纬度的海洋温度场；二是由于自身的高温通过热交换直接影响其上空的大气环流，进而导致气候变化。因此，黑潮变化与气候异常存在密切的关系。由研究表明，日本气候温暖湿润，与黑潮不无关系。我国青岛与日本的东京、上海与日本九州，纬度相近，而气候却差异不少。当青岛地区入冬时节，东京还沐浴在秋季的阳光之下；当上海已是秋风起舞百树凋零时，九州的亚热带植物依然绿叶陪伴。这是因为，海洋暖流对大气有直接影响，而暖流对大气产生影响的直接途径就是通过海气界面热交换来实现的。因此，海气界面的热交换是影响大气环流和气候异常的关键过程。

2.4.1 感热、潜热通量多年平均场

图2.4-1是黑潮区域海气热通量多年平均场。由图可以看出，感热通量和潜热通量的多年平均场的空间分布大致相同，其最大值基本呈西南—东北向分布。感热通量的最大值主要出现在台湾以北—日本九州以南和日本东南，其值大于等于30 W/m²；潜热通量的最大值分布与感热通量相似，也是出现在台湾以北—日本九州以南和日本东南，其值大于等于140 W/m²。

2.4.2 感热、潜热通量季节变化

为了直观反映黑潮区域的海气热通量在不同季节的变化特征，分别给出了1月、4月、7月和10月的分布图（见图2.4-2）。由图可以发现，1月份的感热通量是一年中最大的，其最大值为65~70 W/m²；4月份次之，其最大值为30~40 W/m²；10月份更小，最大值为20~25 W/m²；7月份是一年中最小的，其值为0 W/m²。

潜热通量的空间分布与感热通量大致相同，但在季节变化上存在差异。1月份的最大值出现在台湾以北—日本九州以南和日本东南，其值为220 W/m²左右；10月份的最大值仅次于1月份，其最大值为160 W/m²；其次依次为4月和7月，4月最大值为120~140 W/m²，7月最大值为60~100 W/m²（见图2.4-3）。

在黑潮区域的感热通量的最大值主要出现在冬春季，夏秋季相对偏小；潜热通量的最大值主要出现在冬秋季，春夏季偏小。

对黑潮区域的海气热通量进行累加平均，给出了感热和潜热通量的年平均变化曲线图（见图2.4-4）。感热和潜热通量的年变化具有明显的1年周期变化特征，峰值出现在冬季，谷值出现在夏。感热通量的最大值和最小值分别为49 W/m²和0 W/m²；潜热通量的最大值和最小值分别为193 W/m²和59 W/m²。所不同的是，感热通量的谷值出现在7月，而潜热通量出现在6月。而且感热通量自7月到冬季的递减速度明显较潜热通量要慢得多。

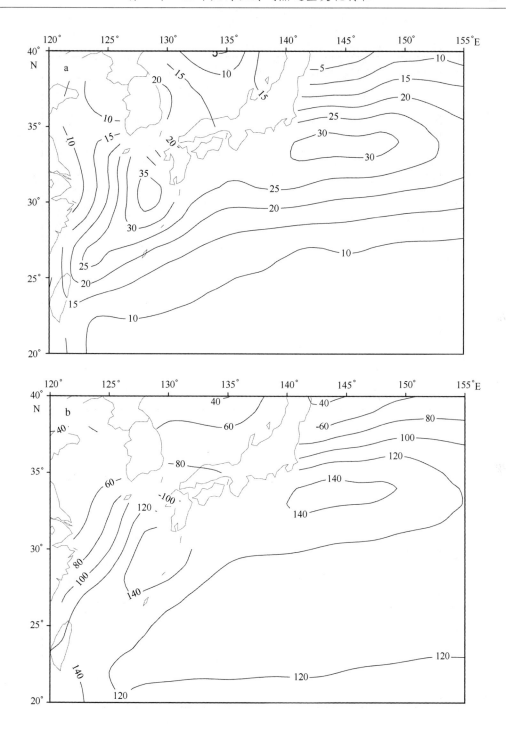

图 2.4-1　黑潮区域海气热通量多年平均场（1988—2009 年）（W/m²）

a. 感热通量；b. 潜热通量

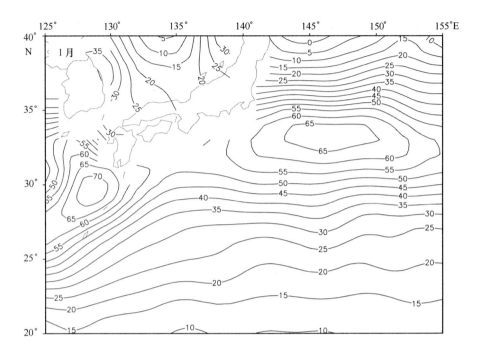

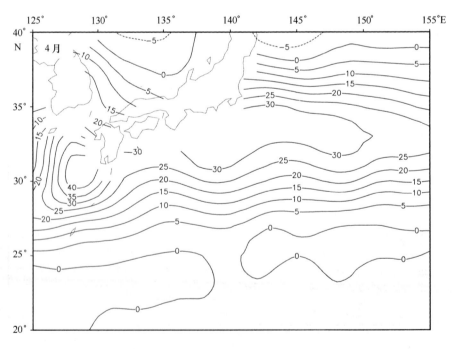

图 2.4 - 2（接下页）

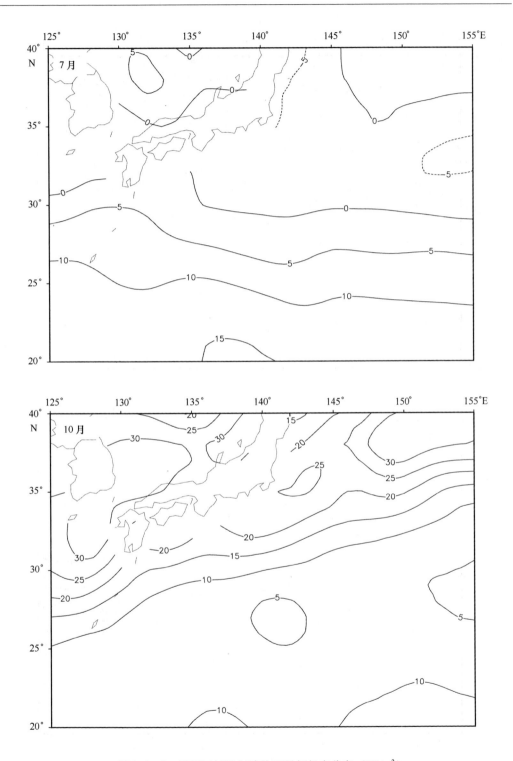

图 2.4 - 2 黑潮区域海气感热通量气候态分布（W/m²）

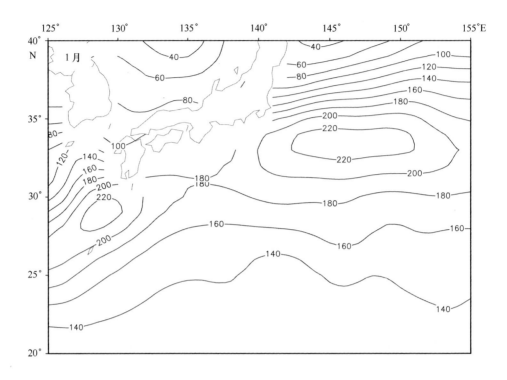

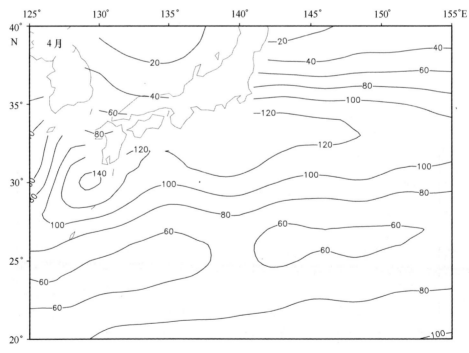

图 2.4 - 3（接下页）

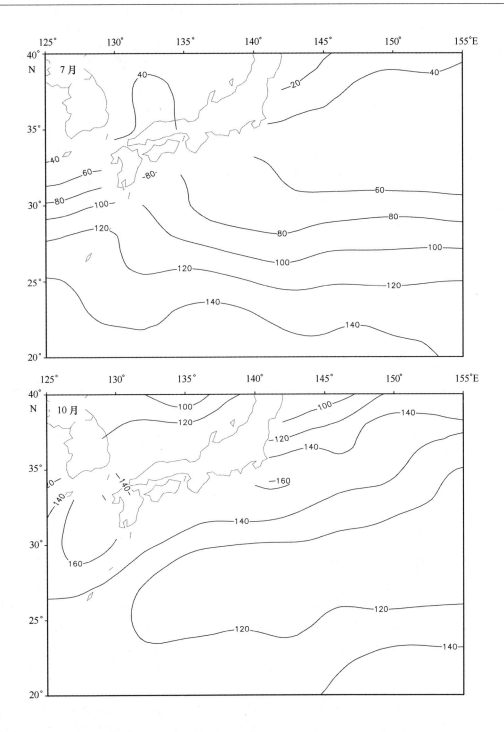

图2.4-3 黑潮区域海气潜热通量气候态分布（W/m²）

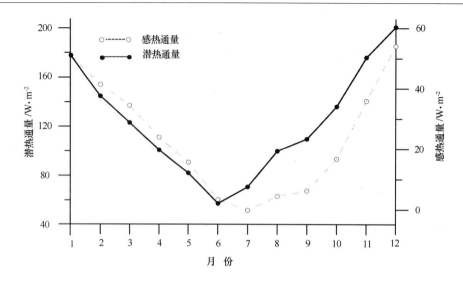

图 2.4 - 4　黑潮区域海气热通量年变化

2.4.3　感热、潜热通量随经度、纬度时间变化

由感热通量和潜热通量随经度和纬度的变化可知，它们二者的最小值基本出现在夏季，分别为小于 10 W/m² 和 80 W/m²，最大值出现在冬季，分别大于 50 W/m² 和 200 W/m²；在经度上的变化不是太明显（见图 2.4 - 5）。在纬度变化上较为明显，感热通量最大值出现在 30° ~ 35°N 之间；最大值为 55 W/m²，潜热通量的最大值出现在 28° ~ 35°N 之间，最大值为 200 W/m²（见图 2.4 - 6）。这一纬度恰好是黑潮暖流所在区域。最大值也是出现在冬季，而最小值出现在夏季。

2.4.4　感热、潜热通量年际变化

为反映黑潮区域海气热通量长期异常变化特征，我们计算了黑潮区域的距平场。图 2.4 - 7 是逐月多年感热通量距平变化图。由图可以看出，在 20 世纪 80 年代前，黑潮区域感热通量出现正的距平，但在其后出现 3 ~ 4 的距平为 0 的变化特征。90 年代中前期，出现正的距平，后期出现了负的距平。从 2002—2004 年又出现了较大的负距平，最低为小于等于 4 W/m²。总体来看，感热通量的异常变化基本维持在 -4 ~ 10 W/m² 之间。潜热通量也具有感热通量的相同特点，只是其变化基本维持在 -10 ~ 40 W/m² 之间（见图 2.4 - 8）。

图 2.4 - 9 是黑潮区域多年变化曲线，由图可以看出，无论感热通量还是潜热通量均存在明显的年际变化特征。由小波分析和功率谱分析可知，黑潮区域的感热通量存在显著的 3.5 年周期，而潜热通量存在 11 年周期（见图 2.4 - 10）。

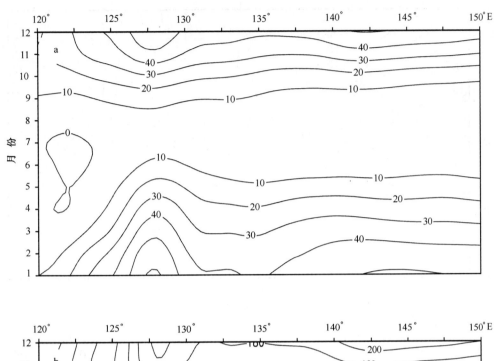

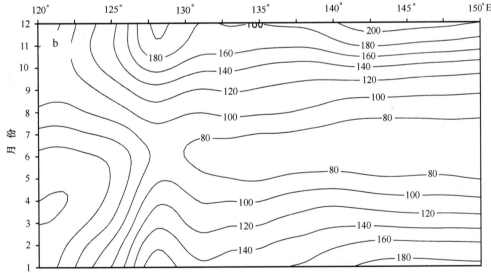

图 2.4 - 5 黑潮区域海气热通量经度 - 时间变化剖面（W/m²）

a. 感热通量；b. 潜热通量

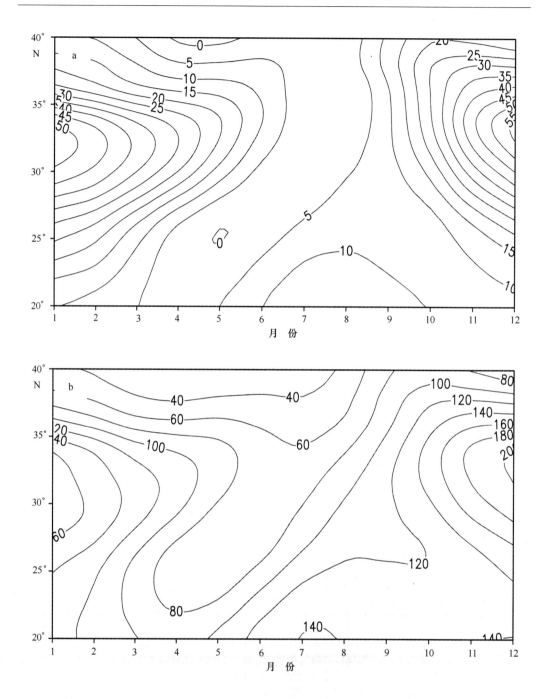

图 2.4 - 6　黑潮区域海气热通量纬度 - 时间变化剖面（W/m²）

a. 感热通量；b. 潜热通量

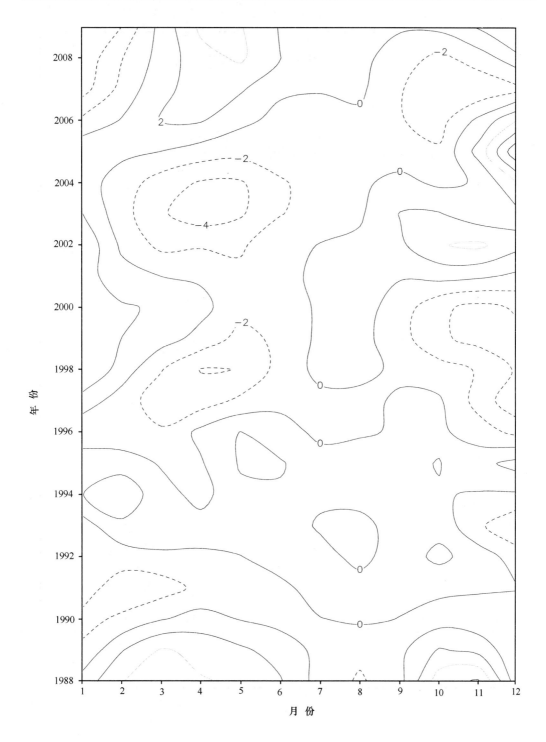

图 2.4 - 7　黑潮区域海气感热通量时间演变图（W/m²）

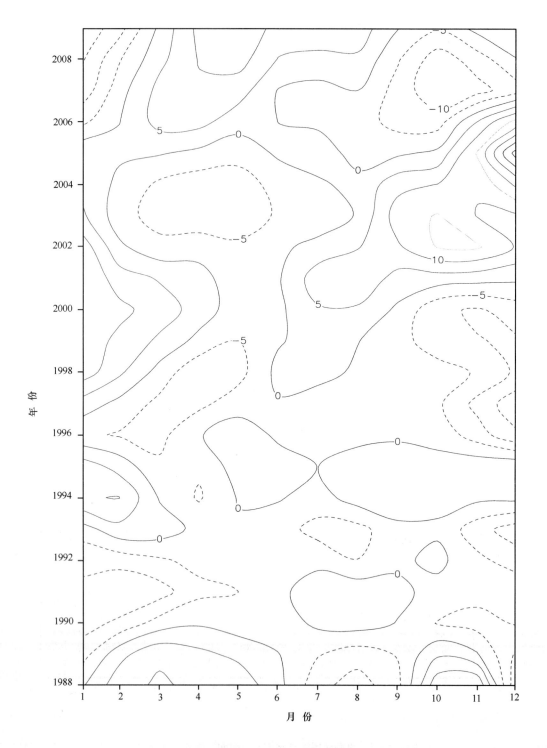

图 2.4 - 8　黑潮区域海气潜热通量时间演变（W/m²）

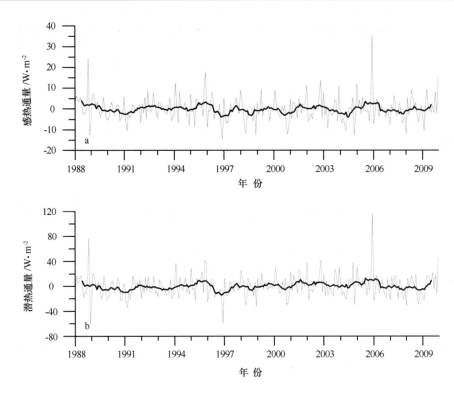

图 2.4 - 9　黑潮区域海气热通量年际变化特征（W/m²）
a. 感热通量；b. 潜热通量。粗实线：11 个月滑动平均

2.4.5　结论

黑潮是世界著名的洋流之一，它在全球热平衡中起着非常重要的作用。另外，由于黑潮常年由热带向中高纬度输送比环境温度偏高的海水，因此，它对东亚气候将会直接或间接产生重要影响。

由上述分析结果表明，黑潮区域的感热和潜热通量的多年平均值为 30 W/m² 和 140 W/m²。在季节变化中，感热和潜热通量的最大值出现冬季，感热通量为 65 ~ 70 W/m²，潜热通量为 200 W/m² 左右。最小值出现在夏季，感热通量为 0 W/m²；潜热通量为 80 W/m² 左右。值得注意的是，黑潮区域热通量的季节变化与印太暖池区域热通量的变化呈相反位相。

在长期变化中，感热和潜热通量均存在 3.5 年和 11 年的显著周期，前者与 ENSO 周期吻合，后者与太阳黑子周期一致。由此可以说明，在年际尺度上，黑潮区域的海气热通量可能与 ENSO 循环过程存在联系；在年代际尺度上，与太阳黑子的爆发也存在一定的联系。

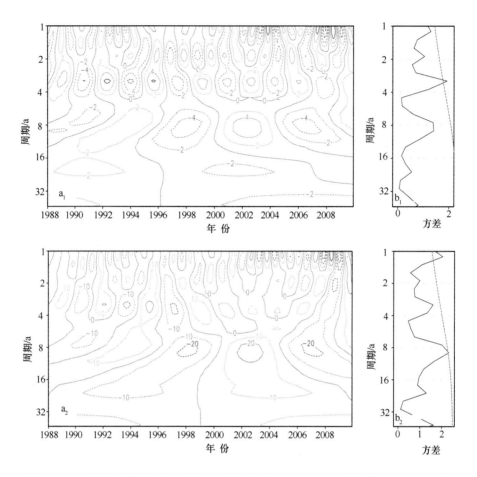

图 2.4 – 10　黑潮区域海气热通量（W/m²）小波（a₁，a₂）和功率谱（b₁，b₂）分析

a₁，b₁. 感热通量；a₂，b₂. 潜热通量

2.5　印度洋区域海气感热、潜热通量变化

由近年来的研究表明，印度洋对东亚季风和汛期降水有着重要作用，尤其是与南海夏季风爆发存在密切关系。本节重点分析探讨北印度洋海气热通量的季节和年际变化特征，以期提供更为清楚的变化特征，为东亚气候异常变化的预测提供理论依据。

2.5.1　感热、潜热通量多年平均场

图 2.5 –1 是北印度洋海气热通量多年平均变化空间分布图。由图 2.5 – 1a 可知，感热通量最大值出现在阿拉伯海和孟加拉湾，前者最大值为 22 W/m²，后者最大值为 15 W/m²，最小值出现在赤道印度洋及以南。由图 2.5 – 1b 可知，潜热通量的空间分布与感热通量非常一致，最大值分布在阿拉伯海和孟加拉湾，最大值分别为 150 W/m² 和 140 W/m²，最小值位于赤道印度洋及以南区域。

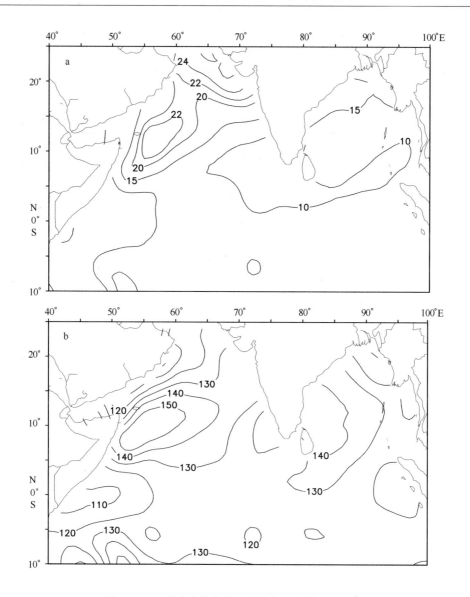

图 2.5 – 1　北印度海气热通量多年平均场（W/m²）

a. 感热通量；b. 潜热通量

2.5.2　感热、潜热通量季节变化

为了更加清楚了解北印度洋海气热通量的季节变化特征，给出了气候态季节变化特征图。图 2.5 – 2 是印度洋海气感热通量空间变化特征图。由图可以看出，不同季节的空间分布特征存在明显的差异。1 月份，感热通量在北半球 10°N 以北是由南向北呈纬向递增的，从 10 W/m² 递增至 30 W/m²。最小值出现在赤道附近，尤其是在索马里以东海区，最小值为 2 W/m²。4 月份的空间分布大致与 1 月份相同，只是量值较 1 月份有所增大。7 月份，感热通量明显增大，但最大值位于北半球的阿拉伯海和孟加拉

湾，但前者明显大于后者，其值分布为 50 W/m² 和 15 W/m²。另外，在南半球 10°S 附
近也存在一相对大值区域，最大值可达 30 W/m²。10 月份，感热通量明显减小，最大
值只仍出现在阿拉伯海，但只有 30 W/m²，大部区域维持在 8 ~ 10 W/m²。

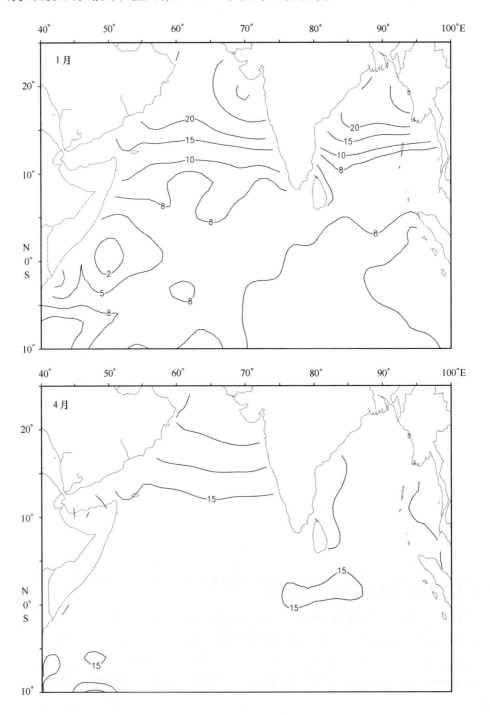

图 2.5 - 2（接下页）

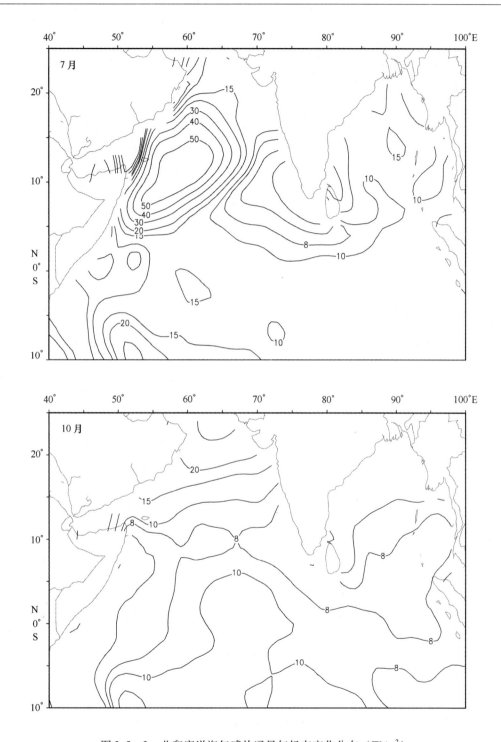

图 2.5 - 2　北印度洋海气感热通量气候态变化分布（W/m²）

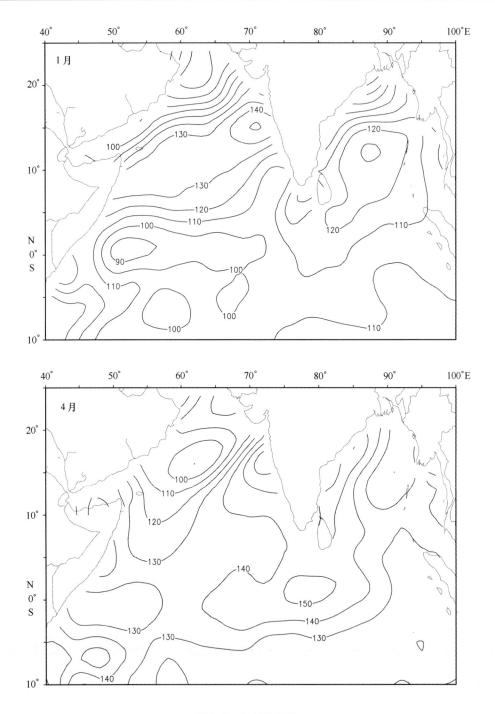

图 2.5 - 3（接下页）

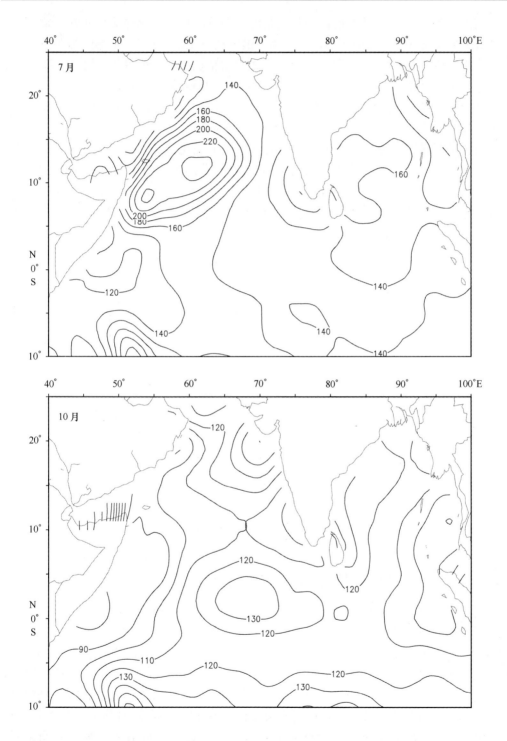

图 2.5 - 3　北度洋海气潜热通量气候态时空分布（W/m²）

由图 2.5 - 3 可见，北印度洋潜热通量的空间分布特征与感热通量非常一致，1 月份的最大值也出现在阿拉伯海和孟加拉湾，最大值分别是 150 W/m² 和 130 W/m²，最小值位于赤道地区，只有 90 W/m²。4 月份的最大值已由阿拉伯海和孟加拉湾移动到赤道区域，最大值分别是 130 W/m² 和 150 W/m²。7 月份最大值又重新移动到阿拉伯海和孟加拉湾，最大值分别是 230 W/m² 和 160 W/m²。10 月份，位于阿拉伯海和孟加拉湾的潜热通量较 7 月份明显减小，尤其是阿拉伯海减小了近 100 W/m²。

为了更直观地了解北印度洋海气热通量的季节变化特征，对其进行了统计分析，结果如图 2.5 - 4。由图可以看出，感热通量存在显著的季节变化，最大值出现在 6—7 月，平均最大值为 25 W/m² 左右。最小值出现在秋冬季节，最小值仅为 8 ~ 10 W/m²。潜热通量最大值出现在 6 月，最大值为 200 W/m² 左右，秋冬季节是一年中的低值期，最小值为 110 W/m² 左右。

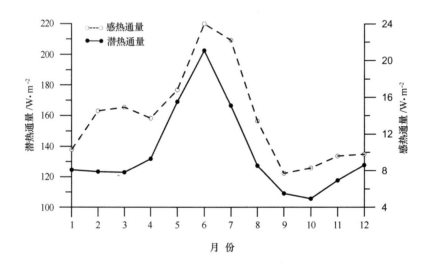

图 2.5 - 4　北印度洋海气热通量年变化

2.5.3　感热、潜热通量随经度、纬度时间变化

图 2.5 - 5 是月平均北印度洋海气热通量随纬度变化图。由图 2.5 - 5 可知，北印度洋感热通量的季节变化非常明显，冬季（12、1、2 月）最大值出现在赤道至 10°N 之间和 15° ~ 20°N 之间，最大值分别为 8 W/m² 和 12 W/m²。春季（3—5 月）则明显增大，最大值可达 12 W/m²，出现在 15°N 以南区域，而以北区域则明显减小。夏季（5—7 月）是一年的最大值出现期，最大值为 14 W/m²，出现在 15°N 以北。秋季（9—11 月）南北变化梯度不大，保持在 11 W/m² 左右。由图 5.2 - 5b 可知，潜热通量纬向时间变化与感热通量基本一致，只是其量值的差异，平均来看，潜热通量与感热通量相比为量级上的差异。一年中的最大值出现在夏季，最大值为 145 W/m²。

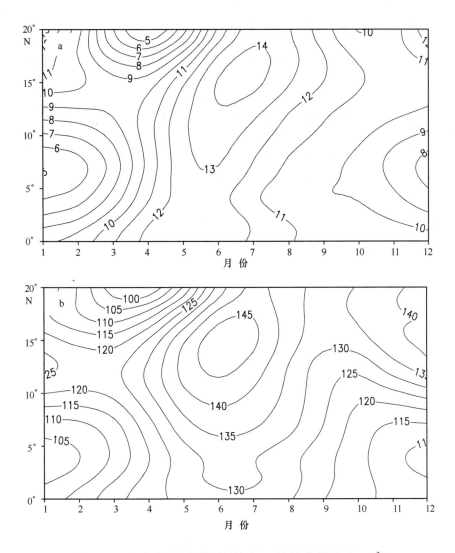

图 2.5 − 5　北印度洋海气热通量纬度 − 时间变化剖面（W/m²）

a. 感热通量；b. 潜热通量

图 2.5 − 6 是北印度洋平均海气热通量时间 − 经度剖面图。由图可以看到，感热通量在经向变化过程中，显著变化主要发生在 50° ～ 65°E 之间，最大值出现在夏季，其值为 35 W/m²，另外，在 80° ～ 90°E 之间还存在一弱的大值区，其值为 15 W/m²，西部明显大于东部。潜热通量与感热通量的分布基本一致，最大值也存在两个大值区，一个是出现在夏季的 50° ～ 65°E，另一个出现夏季的 80° ～ 90°E 之间，它们分别为 220 W/m² 和 180 W/m²。这两个最大值区域恰好是阿拉伯海和孟加拉湾。

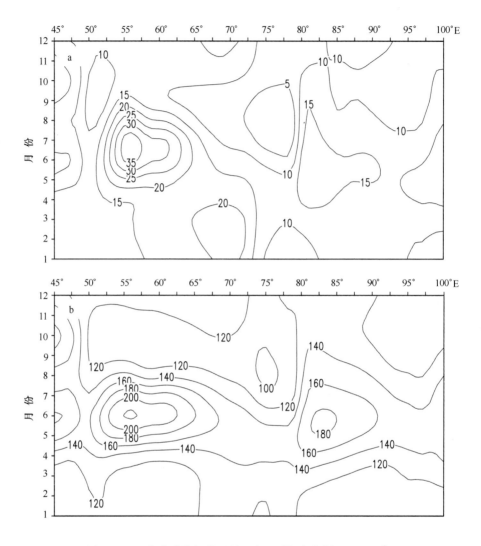

图 2.5-6　印度洋海气热通量经向 - 时间变化剖面（W/m²）

a. 感热通量；b. 潜热通量

2.5.4　感热、潜热通量年际变化

　　为了清楚了解北印度洋区域海气热通量的长期变化特征，对其进行了统计分析，结果表明北印度洋区域感热和潜热通量均存在明显的年际变化特征（见图 2.5-7、图 2.5-8）。由感热通量来看，20 世纪 80 年代末，冬春和秋冬季为正的距平，但夏季出现负的距平。20 世纪 80 年代一年四季基本为负的距平，而到了世纪末又转变为正的距平。潜热通量与感热通量相似，在 20 世纪 80 年代末，冬春和秋冬季基本为正的距平，但夏季出现负的距平，之后，一年全部为负的距平，一直维持到 20 世纪 90 年代末，此后基本由正的距平控制。

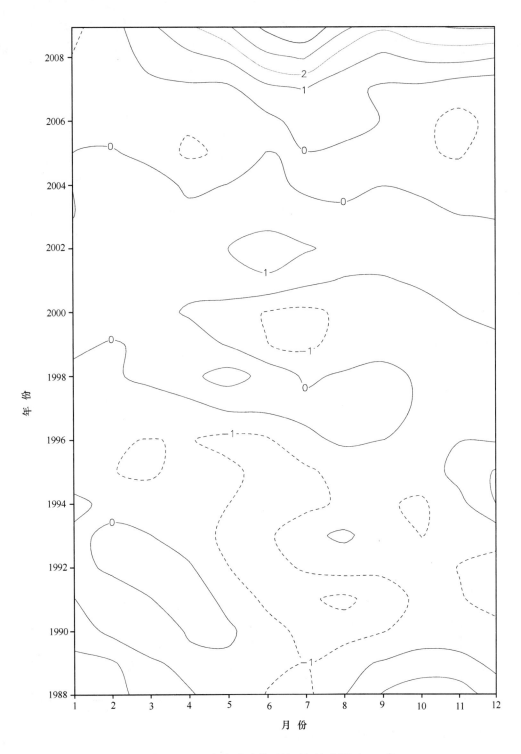

图 2.5 - 7　北印度洋感热通量时间演变图（W/m²）

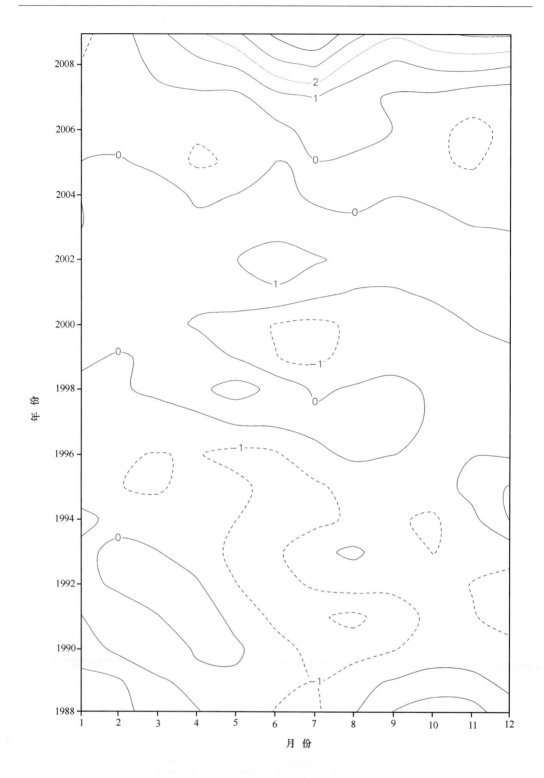

图 2.5 - 8　北印度洋潜热通量时间演变图（W/m²）

图 2.5 – 9 是北印度洋区域海气热通量年际变化图。由图可以看出，感热和潜热通量均存在明显的年际变化特征。为了探讨感热和潜热通量的年际变化特征，采用小波分析和功率谱分析方法，对其进行波谱周期分析。图 2.5 – 10 是感热（a）和潜热（b）通量的小波分析和功率谱分析，由图可以看出，感热通量在 1.5 年和 7 年的频段中变化较为明显，但由于在不同时期出现了强弱变化，因此，其周期均没通过 95%信度的检验。由潜热通量的小波分析可知，在 2 ～ 3 年频段上，出现较强的信号变化，同样，在 7 年左右的频段上也出现了一明显变化。这两个频段的周期均通过了 95%的信度检验。

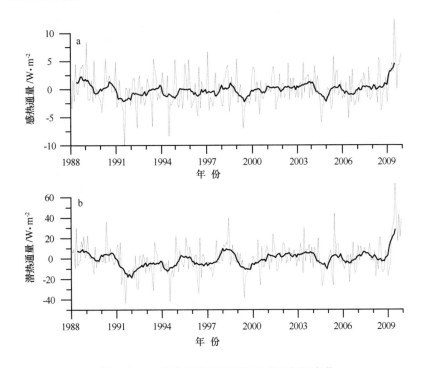

图 2.5 – 9　北印度洋区域海气热通量年际变化
a. 感热通量；b. 潜热通量。粗实线：11 个月滑动平均

上述分析表明，位于阿拉伯海的海气热通量变化最为明显，为此，对这一区域进行了统计分析，结果见图 2.5 – 11。可以看出，阿拉伯海区域的海气热通量也具有明显的年际变化特征。由小波分析可知（见图 2.5 – 12），该区域的感热通量在 20 世纪 80—90 年代，在 1.5 年频段上非常显著，之后，信号逐渐减弱，到 21 世纪初，在 1.5 ～ 2 年的频段上又出现明显信号。在 7 年左右的频段上，21 世纪初以来，信号开始加强。功率谱分析结果表明：1.5 ～ 2 年和 7 年周期均未通过 95%信度检验。潜热通量的小波分析结果表明，在 20 世纪 90 年代以前，在准 2 年周期非常明显，21 世纪初以来有所加强。另外，准 7 年周期也较为明显。这两个周期均通过了 95%信度检验（见图 2.5 – 12）。

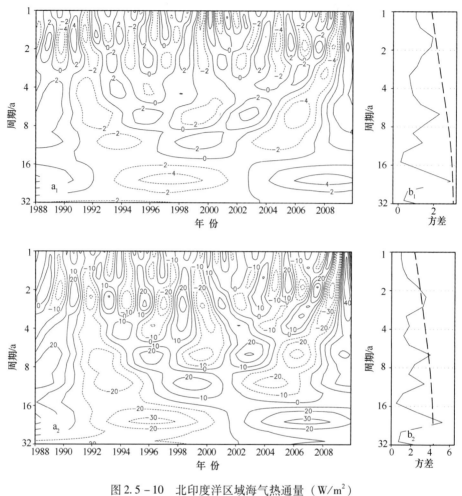

图 2.5 – 10　北印度洋区域海气热通量（W/m²）

小波（a₁，a₂）和功率谱（b₁，b₂）分析

a₁，b₁. 感热通量；a₂，b₂. 潜热通量

　　孟加拉湾海气热通量也是北印度洋区域变化最为明显的区域，该区域正是东亚夏季风爆发前期来自印度洋越赤道气流的通道，因此其变化对东亚夏季风的爆发可能会有重要作用。为揭示孟加拉湾海气热通量的变化特征，对其进行了分析。图 2.5 – 13 是孟加拉湾海气热通量年际变化曲线。由图可以看出，孟加拉湾区域的感热和潜热通量也具有明显的年际变化特征。为了揭示该区域海气热通量变化的年际变化周期，对其进行了小波和功率谱分析。图 2.5 – 14 是孟加拉湾区域海气热通量的小波和功率谱分析结果。由图可以看出，感热通量在 20 世纪 90 年代初，在 2 ~ 7 年的频段上的变化非常显著，而 20 世纪末，该频段上的信号明显减弱。在 2 ~ 5 年的频段上则出现强的信号。由功率谱分析结果可以看出，存在准 2 年和准 7 年显著周期，且通过 95% 信度检验。潜热通量的小波分析表明，同样，具有感热通量的周期变化特性，但由于 7 年左右频段上的信号明显偏弱一些，因此，潜热通量的主周期主要是 2 ~ 3 年，准 7 年的周

期没有通过 95% 的信度检验。

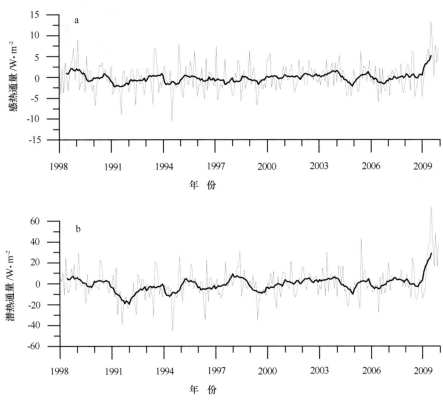

图 2.5 - 11　阿拉伯海海气热通量年际变化

a. 感热通量；b. 潜热通量.

2.5.5　结论

北印度洋海区对东亚夏季风和南亚季风的爆发和维持具有重要作用，尤其是东亚夏季风爆发后，来自孟加拉湾的水汽是直接影响我国乃至东亚的汛期降水的关键。

由上述分析表明，北印度洋海区的感热和潜热通量具有明显的年变化特征，最大值出现在 6—7 月份，感热通量为 25 W/m²，潜热通量为 200 W/m²。秋季是一年中的最小值，感热和潜热通量分别仅为 9 W/m² 和 120 W/m²。另外，阿拉伯海和孟加拉湾的海气热通量的变化存在明显的季节变化，6 月份的热通量是一年中最大的月份，这种现象可能与东亚夏季风的爆发有关。北印度洋区域的年际变化周期与阿拉伯海的年际变化基本相似，感热通量的周期均没有通过 95% 的信度检验，潜热通量存在准 2 年和准 7 年的显著周期。孟加拉湾与北印度洋和阿拉伯海区域的感热和潜热通量的周期不同，感热通量存在准 2 年和准 7 年的显著周期，而潜热通量只有准 2 年的周期通过 95% 的信度检验。这一现象可以说明，阿拉伯海和孟加拉湾区域的感热和潜热通量的年际变化存在一定的不同，尤其是感热通量差异最大。因此，在讨论北印度洋区域海气热通量变化特征及其对大气环流的影响研究时，应分别对待。

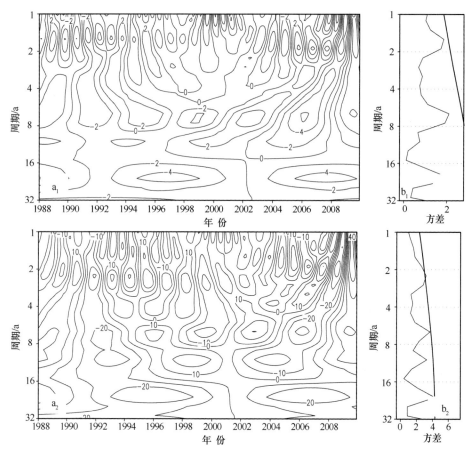

图 2.5 - 12　阿拉伯海区域海气热通量（W/m²）小波（a_1，a_2）和功率谱（b_1，b_2）分析

a_1，b_1. 感热通量；a_2，b_2. 潜热通量

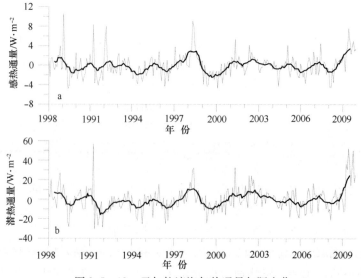

图 2.5 - 13　孟加拉湾海气热通量年际变化

a. 感热通量；b. 潜热通量。粗实线：11 个月滑动平均

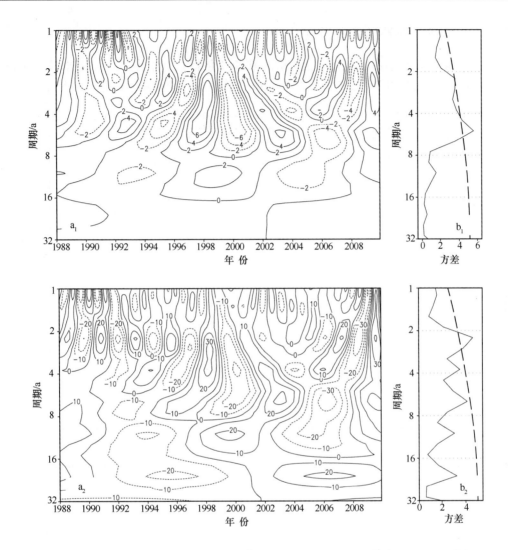

图 2.5 - 14　孟加拉湾海气热通量（W/m²）小波（a₁，a₂）和功率谱（b₁，b₂）分析

a₁，b₁. 感热通量；a₂，b₂ 潜热通量（W/m²）

2.6　南印度洋区域海气感热、潜热通量变化

由 2.1 节多年平均感热和潜热通量场可以看出，南印度洋区域的热通量是亚印太海区最大的区域，大量海气热通量向大气输送，势必会对其上空大气环流产生影响，尤其是在春季，当南半球出现较常年偏多（少）的热量输送时，可以通过越赤道气流影响北半球的大气环流，进而影响东亚夏季风的爆发和强度。为此，本节将重点分析南印度洋海气热通量的季节和年际变化特征，为东亚夏季风爆发以及气候异常变化的预测提供理论依据。

2.6.1　感热、潜热通量季节变化

为了客观反映南印度洋海气热通量的季节变化特征，给出了气候态季节变化图。图2.6-1是南印度洋1月、4月、7月和10月感热热通量空间变化图。由图可以看出，

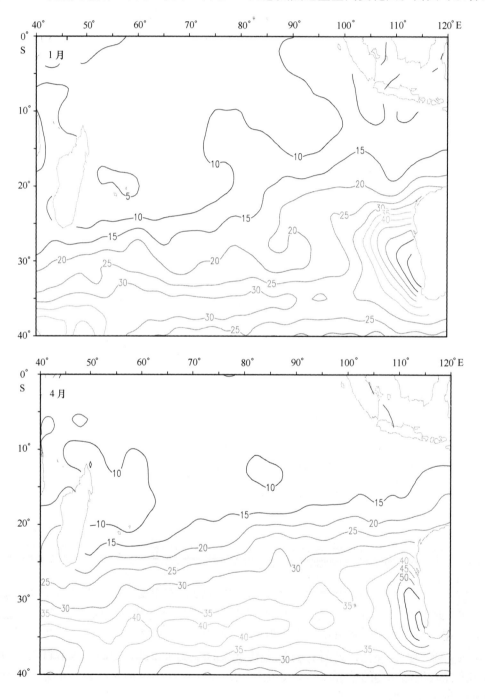

图2.6-1（接下页）

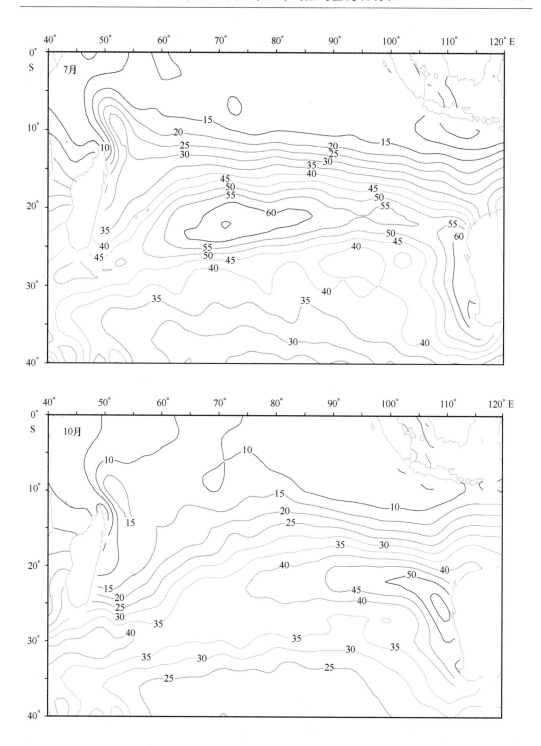

图 2.6 - 1　南印度洋区域感热通量气候态变化（W/m²）

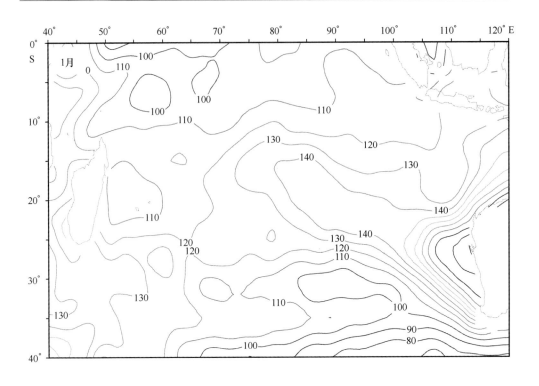

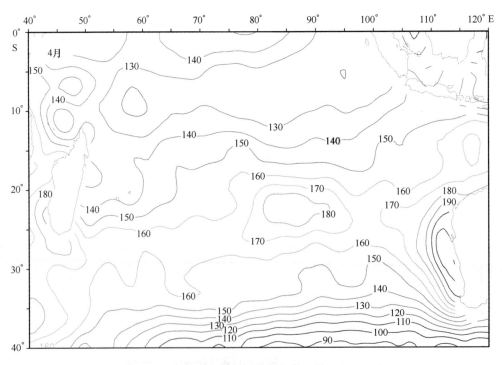

图 2.6 - 2 （接下页）

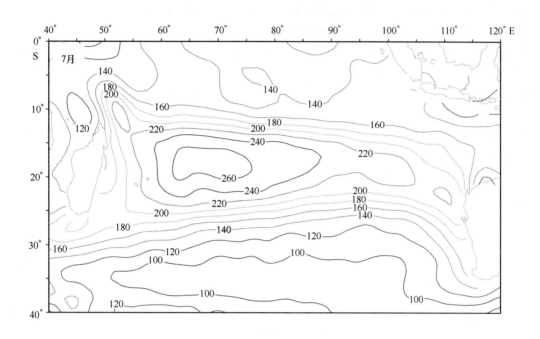

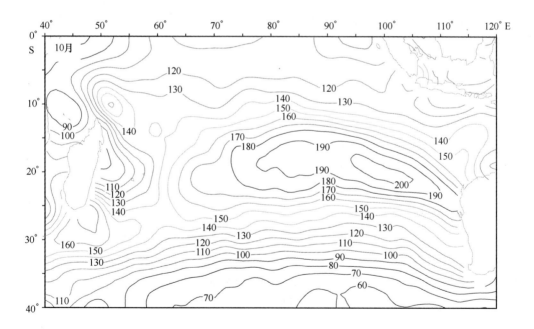

图 2.6 - 2　南印度洋区域潜热通量气候态变化

不同季节的空间分布特征存在明显的差异。1 月份，最大值区域位于 30°S 以南，且呈东西带状分布，最大值出现在澳大利亚西海岸，其最大值大于等于 60 W/m²，向西递减至 90°E 并维持在 30 W/m² 左右，直至 50°E 开始递增，最大为 40 W/m²。最小值位于 30°N 以北至赤道，南北差值大约为 20 W/m²。2—5 月份的分布状态与 1 月基本一致，只是 5 月份较 1 月增大了大约 10 W/m²。6 月与 1—5 月出现明显差异，感热通量分布特征出现较大变化，最大值开始向北移动，6 月开始一直到 9 月，最大值出现在 20°～30°S 之间，且增大近 1 倍。10 月开始，最大值区域开始南撤，最后又恢复到 1 月份的分布状态。

南印度洋潜热通量的空间分布特征与感热通量大致相同（见图 2.6-2），最为明显的变化是潜热通量几乎比感热通量大一个量级。另外，1 月出现在澳大利亚以西的"暖舌"呈现东南—西北走向，而 11—12 月也是如此，这种分布特征与感热通量明显不同。2—5 月份出现在澳大利亚以西的带状大值区比感热通量偏北。6 月的最大值区域开始明显增大，基本位于 10°～20°S 之间，较感热通量偏北 10 个纬度，最大值出现在 7 月，大于等于 260 W/m²，直至 10 月。

图 2.6-3 是南印度洋区域海气热通量平均季节变化。由图可以看出，无论感热通量还是潜热通量存在显著的季节变化，最大值出现在冬季（南半球）。感热通量平均最大值为 40 W/m²。最小值为 14 W/m² 出现在夏季 1 月（南半球）。潜热通量最大值为 190 W/m² 出现在 7 月（冬季），夏季最小为 128 W/m² 出现在 1 月。

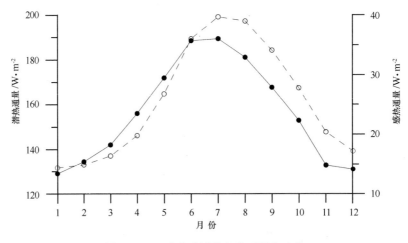

图 2.6-3　南印度洋海气热通量年变化
实线：潜热通量；虚线：感热通量

2.6.2　感热、潜热通量随经度、纬度时间变化

图 2.6-4 是月平均南印度洋区域海气热通量随纬度变化图。由图可知，南印度洋感热通量（见图 2.6-4a）的季节变化非常明显，冬季（6—8 月）最大值为 50 W/m²，出现在 20°～30°S 之间。最小值出现在夏季。潜热通量纬向时间变化与感热通量基本一致，只是其量值存在差异，平均来看，潜热通量与感热通量相比为量级上的差异。一

年中的最大值出现在冬季（6—8 月），最大值为 220 W/m^2。

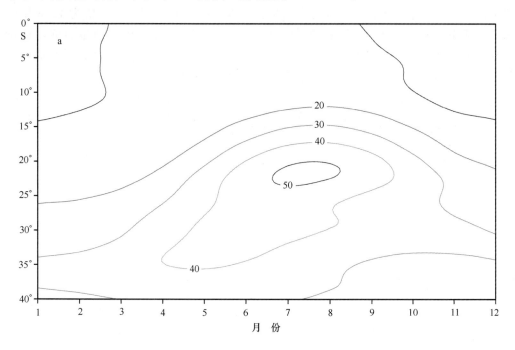

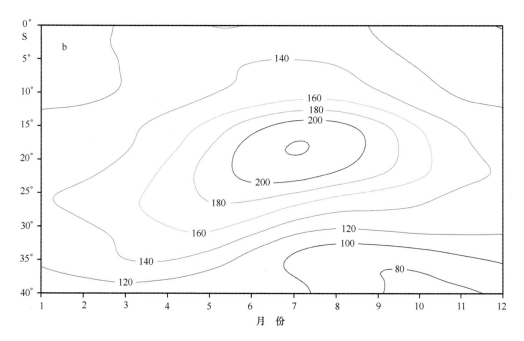

图 2.6 - 4　南印度洋海气热通量纬度 - 时间变化剖面图（W/m^2）

a. 感热通量；b. 潜热通量

　　图 2.6 - 5 是南印度洋平均海气热通量时间 - 经度剖面图。由图可以看到，感热通量在经向变化过程中，显著变化主要出现在 60°~90°E 之间，最大值为 40 W/m²，出现在冬季（6—8 月）。秋季和夏季最小小于等于 20 W/m²。潜热通量与感热通量的分布特征基本一致，但最大值明显西移，基本维持在 60°~80E 之间，最大值大于等于 200 W/m²，秋和夏季也保持在 120~140 W/m² 之间。

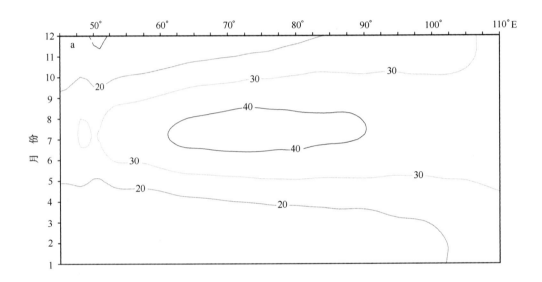

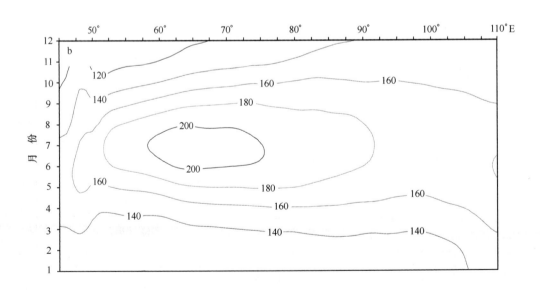

图 2.6 - 5　南印度洋海气热通量经度 - 时间变化剖面图（W/m²）

a. 感热通量；b. 潜热通量

2.6.3　感热、潜热通量年际变化

海气热通量的长期变化是影响气候变化的重要因子，为此，对南印度洋海气热通量进行了统计分析，图 2.6 - 6 是南印度洋感热通量的逐月多年变化图，由图可以看出，在 20 世纪 80 年代，南印度洋感热通量出现正距平，20 世纪 90 年代初出现了弱的负距平，之后 20 世纪 90 年代中期出现了秋夏季和夏春季弱的正距平，而冬季出现负距平，呈现一年中的非一致变化特征。到 20 世纪末，最大正距平出现在冬季。潜热通量的逐月多年变化与感热通量基本一致，只是量值有所增大（见图 2.6 - 7）。

图 2.6 - 8 是南印度洋感热和潜热通量的年际变化图。由图可知它们二者均存在明显的年际变化。为了揭示南印度洋感热和潜热通量的年际变化特征，采用小波分析和功率谱分析方法，对其进行波谱周期分析。图 2.6 - 9 是感热和潜热通量的小波分析和功率谱分析，由图可以看出，感热通量在 4 ~ 9 年的频段中变化最为明显，功率谱 5 ~ 7 年周期通过了 95% 的信度检验，这一结果表明，南印度洋感热通量主要存在 5 ~ 7 年的周期变化。潜热通量的小波分析可知，显著信号也发生 4 ~ 9 年频段上，功率谱结果表明，5.5 ~ 7.5 年周期通过了 95% 的信度检验。由感热和潜热通量的小波分析和功率谱分析表明，它们二者均存在显著的年际变化，而且变化周期基本一致。

2.6.4　结论

南印度洋是研究海区中热通量最大的区域，它的变化对东亚夏季风的爆发和维持具有重要作用，尤其是东亚夏季风爆发前后，来自南半球的越赤道气流及其携带的水汽是直接影响我国乃至东亚的汛期降水的关键。

由上述分析表明，南印度洋海区的感热和潜热通量具有明显的年变化特征，最大值出现在冬季，感热通量为 40 W/m^2，潜热通量为 190 W/m^2。夏季是一年中的最小值，感热和潜热通量分别仅为 14 W/m^2 和 128 W/m^2。另外，无论感热通量还是潜热通量在 5 月份明显增大，且最大值区域向赤道方向移动。这种现象将会导致越赤道气流携带更多的热量和水汽到北半球东南亚地区，为东亚夏季风的爆发创造条件。南印度洋感热和潜热通量的年际变化基本一致，均存在 5 ~ 7 年的显著周期。

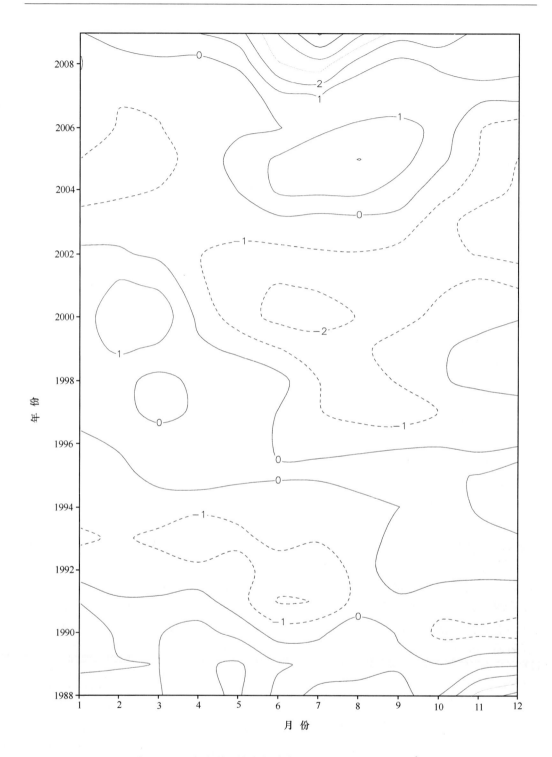

图 2.6 - 6　印度洋区域海气感热通量时间演变图（W/m²）

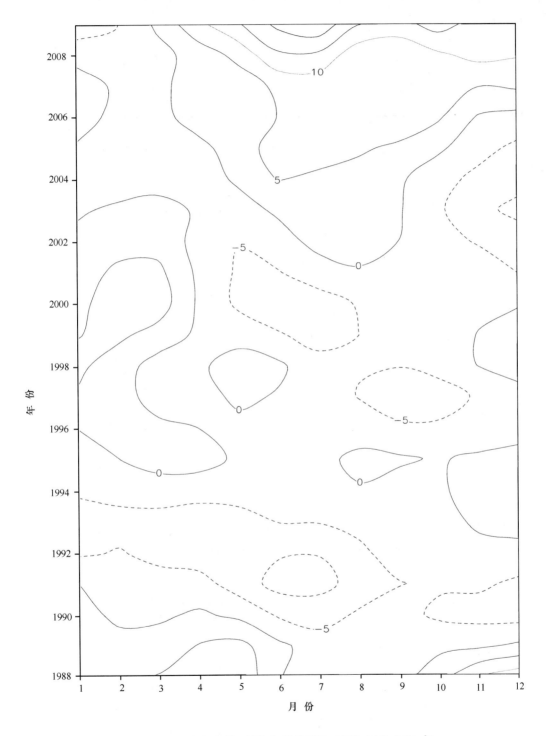

图 2.6 - 7　南印度洋区域海气潜热通量时间演变图（W/m²）

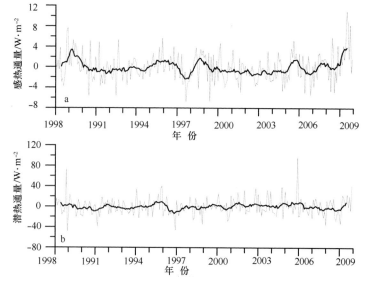

图 2.6 - 8　南印度洋区域海气热通量年际变化（W/m²）

a. 感热通量；b. 潜热通量。粗实线：11 个月滑动平均

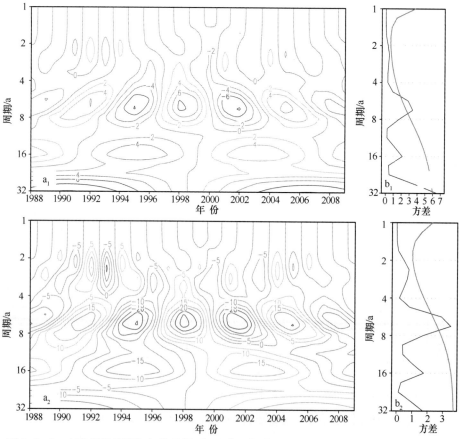

图 2.6 - 9　南印度洋区域海气热通量（W/m²）小波（a_1，a_2）分析和功率谱（b_1，b_2）

a_1，b_1. 感热通量；a_2，b_2. 潜热通量

参 考 文 献

陈隆勋，刘洪庆，王文，等．1999. 南海及临近地区夏季风爆发的特征及其机制的初步研究．气象学报，57（1）：16 – 29.

梁建茵，吴尚森．2002. 南海西南季风爆发日期及其影响因子．大气科学，26（6）：829 – 844.

毛江玉，谢安，宋焱云，等．2000. 海温及其变化对南海夏季风爆发的影响．气象学报，58（5）：556 – 569.

谢安，毛江玉，叶谦．1999. 海温纬向梯度与南海夏季风爆发//南海季风爆发和演变及其与海洋的相互作用．北京：气象出版社：48 – 51.

赵永平，陈永利，白学志，等．1999. 南海 – 热带东印度洋海温年际变异与南海夏季风关系的初步分析//南海季风爆发和演变及其与海洋的相互作用．北京：气象出版社：117 – 120.

第 3 章　气候突变前后海气热通量变化

大气和海洋系统在 20 世纪 70 年代末 80 年代初发生了一次明显的年代际变化，即气候突变现象（Yamamoto and Sanga，1986；Nitta and Yamada，1989；Trenberth and Hurrell，1994；Graham et al，1994；Wang，1995；Zhang and Levitus，1997；肖栋和李建平，2007；等等）。这种变化在海洋和大气系统中普遍存在，特别是在太平洋及其周围区域，它对区域气候变化和海洋要素的变化等许多方面都有重要影响。那么印度洋和太平洋区域的海气热通量是否也存在这种年代际变化呢？本章主要讨论西太平洋暖池、黑潮、南海以及印度洋区域的海气热通量的年代际变化特征，及其在气候突变前后的变化差异，为今后的研究工作提供参考。

本章所用资料为 OAFlux 月平均热通量资料（Yu and Weller，2007），时间序列为 1958 年 1 月—2010 年 12 月，共 53 年。空间分辨率为 $1° \times 1°$。该资料是目前大家所公认的质量较好的长时间海气热通量资料之一，能够满足年际和年代际变化的研究需求。

3.1　海气热通量年代际变化

首先分析了太平洋和印度洋各海区热通量的年代际变化特征，包括西太平洋暖池、黑潮、南海、南印度洋、北印度洋和赤道印度洋等区域（各海区的具体范围见图 2.2 - 1）。图 3.1 - 1 和图 3.1 - 2 分别是各个关键海区平均的潜热和感热通量距平变化曲线。从图中可以看到，在 90 年代以后，不管是潜热通量还是感热通量都有所增加，特别是潜热通量增加的幅度比较明显。

进一步分析表明，潜热通量的年代际变化在各海区中表现为，黑潮区域的潜热通量增加最大，其倾向方程的斜率约为 0.05；其次是赤道印度洋和南印度洋区域的潜热通量增加较大，倾向方程的斜率分别为 0.03 和 0.02；北印度洋区域和南海区域的潜热通量增加幅度较为一致，倾向方程的斜率在 0.01 左右；而西太平洋暖池区域的潜热通量增加幅度最小，倾向方程的斜率仅为 0.008。

感热通量的年代际变化在各海区中增加幅度比潜热通量要小，具体表现为，黑潮区域的感热通量增加最大，其倾向方程的斜率约为 0.006；其次是赤道印度洋和南海区域的感热通量增加较大，倾向方程的斜率分别为 0.004 和 0.003；南印度洋区域的感热通量，倾向方程的斜率在 0.001 左右；而北印度洋和西太平洋暖池区域的感热通量增加幅度最小，倾向方程的斜率分别为 0.000 7 和 0.000 5。

总的来看，不论是潜热通量还是感热通量，都是黑潮区域的增加幅度最大，赤道印度洋区域的增加幅度次之，而西太平洋暖池区域的增加幅度最小。可见，在年代际尺度上，黑潮区域海洋向大气释放的热量增加最明显，其次是赤道印度洋区域的海洋向大气释放的热量也增加较多，而西太平洋暖池区域的海洋向大气释放的热量增加最少。

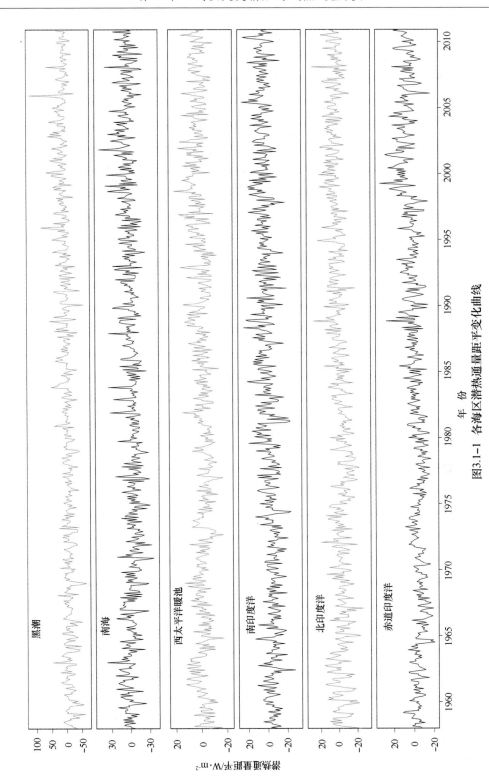

图3.1-1　各海区潜热通量距平变化曲线

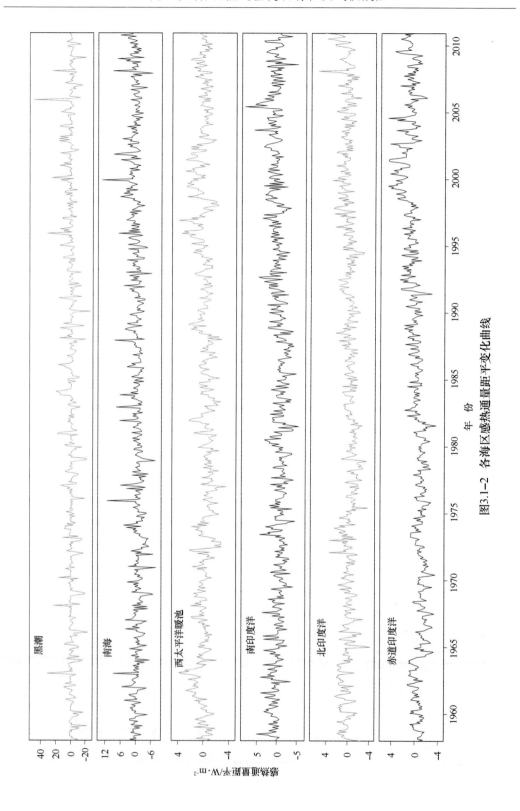

图3.1-2　各海区感热通量距平变化曲线

3.2　气候突变前后海气热通量多年平均场

根据上一节的分析我们知道，印度洋和太平洋区域的海气热通量都有明显的年代际变化特征，特别是在 20 世纪 90 年代以后潜热和感热通量明显增加。因此我们对比分析了气候突变前后的潜热和感热通量变化，取 1958—1977 年（20 年）的平均代表气候突变以前的变化特征，取 1990—2009 年（20 年）的平均代表气候突变以后的变化。

我们分别给出了研究海区的潜热和感热通量在气候突变前后的多年平均分布状态图（见图 3.2 – 1 ~ 3.2 – 4），结果表明，潜热通量在气候突变以后明显增大，特别是黑潮区域，多年平均最大量值由气候突变前的 160 W/m² 增加到气候突变后的 200 W/m²，增加了约 40 W/m²；南印度洋的潜热通量在气候突变以后也明显增加，140 W/m² 等值线的范围明显增大，几乎跨越整个海盆，特别是澳大利亚西海岸附近，由气候突变前的 140 W/m² 增加到 160 W/m²，增加了约 20 W/m²；此外，澳大利亚的东南海岸在气候突变之后也明显增加，由突变前的 160 W/m² 增加到突变后的 180 W/m²，也增加了 20 W/m²。印度洋的其他区域、南海以及西太平洋暖池等区域的潜热通量在气候突变之后也有不同程度的增加，增加量值在 0 ~ 20 W/m² 之间。总之，印度洋和太平洋区域的潜热通量在气候突变后都有显著的增加，这说明气候突变之后，海洋向大气释放更多的潜热。

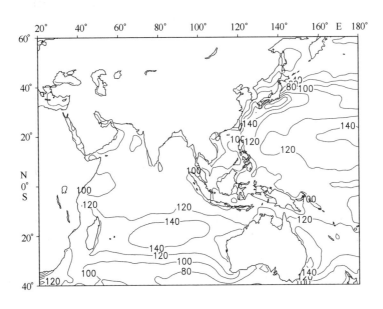

图 3.2 – 1　气候突变前潜热通量多年平均场（W/m²）

从图 3.2 – 3 和图 3.2 – 4 感热通量在气候突变前后的分布可以看出，感热通量在气候突变后也有所增加，但增加的量值相对较小。具体表现为，气候突变以后黑潮区域的感热通量增加，最大 50 W/m² 等值线范围明显扩大，超过气候突变前范围

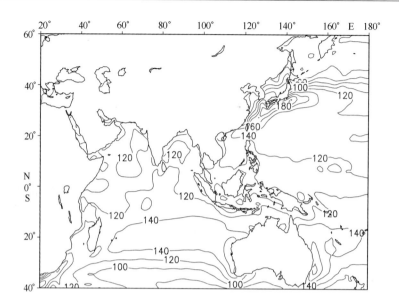

图 3.2 - 2　气候突变后潜热通量多年平均场（W/m²）

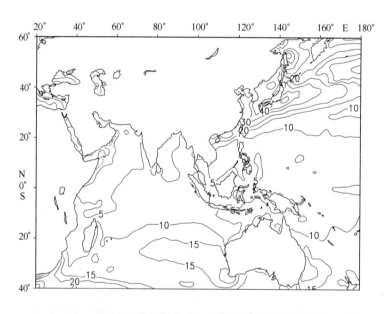

图 3.2 - 3　气候突变前感热通量多年平均场（W/m²）

的两倍以上；南印度洋感热通量在气候突变以后最大值由气候突变前的 20 W/m² 增加到 30 W/m²，最大值出现在澳大利亚西南沿海，15 W/m² 等值线的范围也明显向北扩展；此外，澳大利亚的东南沿海感热通量也由突变前的 20 W/m² 增加到突变后的 30 W/m²，增加了 10 W/m²。印度洋的其他区域、南海以及西太平洋暖池等区域的感热通量变化相对较弱，增加量值都小于 5 W/m²。总之，印度洋和太平洋区域的

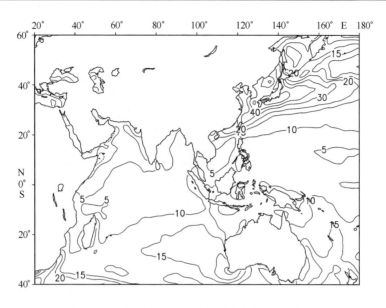

图 3.2-4　气候突变后感热通量多年平均场（W/m²）

感热通量在气候突变后都有所增加，这说明，气候突变之后海洋向大气释放的更多的感热。

综上所述，从多年平均来看，在印度洋和太平洋区域，无论是潜热通量还是感热通量气候突变后都是增加的，这也说明在气候突变之后，印度洋和太平洋区域的海洋向大气释放更多的热量，海洋对气候的影响更加显著。

3.3　气候突变前后海气热通量季节变化

本节主要探讨印度洋和太平洋区域的海气热通量季节变化在气候突变前后的差异，我们选取 1 月、4 月、7 月和 10 月分别代表冬季、春季、夏季和秋季。图 3.3-1~3.3-5 是潜热通量的变化，图 3.3-6~3.3-10 是感热通量的变化。从图中可以看出，潜热和感热通量在不同季节的年代际变化也有所差异。

首先介绍潜热通量的变化。在冬季（见图 3.3-1），最大潜热通量出现在黑潮区域，并且该区域的潜热通量增加最大，最大值由气候突变前的 300 W/m²，增加到气候突变后的 340 W/m²，增加了 40 W/m²，且空间范围明显扩大；受黑潮区域潜热通量增加的影响，中国近海区域的潜热通量也明显增加，从图中可以看出，在气候突变之后中国近海的潜热通量等值线明显加密，量值增大，其中，南海区域在气候突变之后，120 W/m² 等值线几乎包含整个海区，比气候突变前增加了近 20 W/m²。其次是北印度洋区域的潜热通量在气候突变后也有明显增加，其中孟加拉湾潜热通量的最大值由气候突变前的 120 W/m² 增加到气候突变之后的 160 W/m²，增加了近 40 W/m²，而阿拉伯海区域潜热通量的最大值则由气候突变前的 160 W/m² 增加到了气候突变后的 180 W/m²，增加了近 20 W/m²。再次是南印度洋的潜热通量也明显增

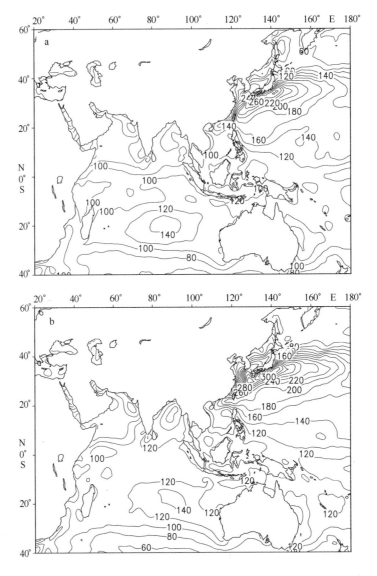

图 3.3-1　1月份，潜热通量在气候突变前（a）
后（b）的变化（W/m²）

大，从图中可以看到，气候突变之后 120 W/m² 等值线的范围比气候突变前明显扩
大，将澳大利亚西海岸都包括在内；100 W/m² 等值线在气候突变之后也向南扩张。
受南北印度洋潜热通量增加的影响，赤道印度洋的潜热通量也由突变前的低于
100 W/m² 增加到突变后的 100~120 W/m² 之间。最后是西太平洋暖池区域的潜热通
量增加最小，其量值在气候突变后稍有增加。此外，澳大利亚东海岸的潜热通量也
有明显变化，最大等值线由突变前的 140 W/m² 增加到突变后的 160 W/m²。总的来
看，在冬季，主要是在北半球的大陆边缘区域潜热通量的年代际变化较显著，其在
气候突变之后都有显著增加。而热带海区和南半球区域的潜热通量变化相对较小。

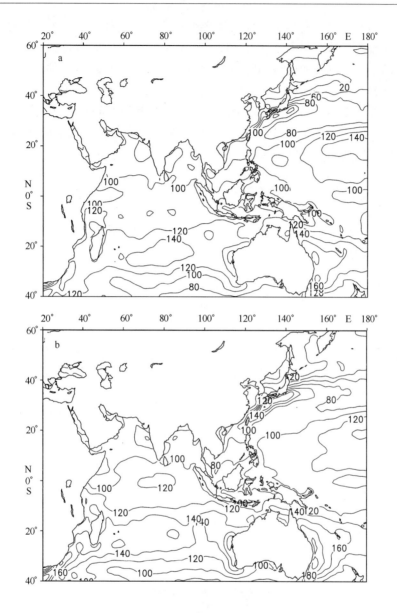

图 3.3 - 2　4 月份，潜热通量在气候突变前（a）
后（b）分布（W/m²）

　　在春季（图 3.3 - 2），潜热通量的最大值出现在南半球，并且其变化的最大区域在南印度洋，从图中可以看到，140 W/m² 等值线在气候突变前只是出现在南印度洋的海盆中部，而在气候突变后则从东到西贯穿了整个海盆。在澳大利亚西海岸，潜热通量最大值也由气候突变前的 160 W/m² 增加到突变后的 180 W/m²。澳大利亚东海岸则由突变前的 180 W/m² 增加到突变后的 200 W/m²，都增加了近 20 W/m²。而黑潮区域的潜热通量量值与冬季时相比明显减小，并且其年代际变化幅度也相应减小，其最大值由气候突变之前的 120 W/m² 增加到气候突变之后的 140 W/m² 以上，增加了 20 W/m²。

中国近海的潜热通量也有所增加，但增加幅度也比冬季时要小。西太平洋暖池区域的潜热通量变化较弱，从图中可以看出，120 W/m² 和 140 W/m² 等值线的范围在气候突变之后有所减小，可见暖池区域的潜热通量在气候突变后呈现减弱的趋势，但幅度较小。北印度洋和赤道印度洋的潜热通量在气候突变之后都有所增加，其中北印度洋增加的非常小，而赤道印度洋在海盆中部出现了明显大于 120 W/m² 的区域。总之，在春季，潜热通量呈现由冬季向夏季转换的趋势，其在气候突变后基本呈现增加的趋势，但西太平洋暖池区域出现下降趋势。

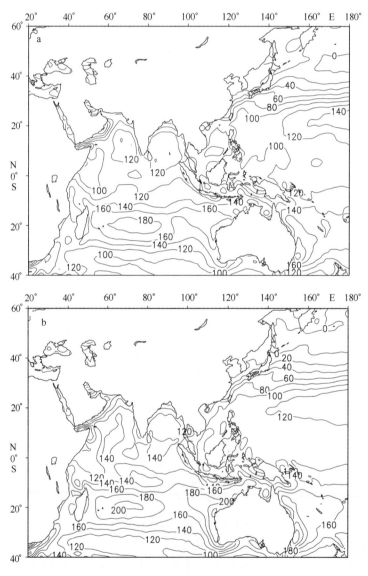

图 3.3 - 3　7 月份，潜热通量在气候突变前（a）
后（b）分布（W/m²）

在夏季（见图 3.3 - 3），黑潮区域的潜热通量较春季继续减小，最大等值线只有 100 W/m² ，并且其在气候突变前后的变化也较小，几乎没有变化。南海的潜热通量也变化不大。气候突变前后变化最大的区域出现在南半球，南印度洋和澳大利亚东西海岸，潜热通量在气候突变后分别增加了 20 W/m² 以上。其中，南印度洋的潜热通量最大值由气候突变前的 180 W/m² 增加到气候突变后的 200 W/m² ，增加了 20 W/m² ；而澳大利亚西海岸的潜热通量则由气候突变前的 180 W/m² 增加到气候突变后的 220 W/m² ，增加了近 40 W/m² ；澳大利亚东海岸的潜热通量则由气候突变前的 200 W/m² 增加到气候突变后的 220 W/m² ，增加了 20 W/m² 。此外，北印度洋区域（孟加拉湾和阿拉伯海）的潜热通量在气候突变后也有显著增加，具体表现为，孟加拉湾和阿拉伯海的 140 W/m² 等值线范围都明显扩大至赤道印度洋区域。受此影响，赤道印度洋的潜热通量也有所增加，比气候突变前增加了近 20 W/m² 。西太平洋暖池区域的潜热通量在气候突变后也有所增加，主要表现为小于 100 W/m² 的区域明显减小。总之，在夏季潜热通量在南半球较大，北半球较小，黑潮区域出现一年中的最小值。并且潜热通量在气候突变前后变化最大的区域也出现在南半球，北半球的潜热通量在突变前后变化较小。

在秋季（见图 3.3 - 4），北半球黑潮区域的潜热通量较夏季开始增大，最大值已经增加到 200 W/m² 以上。同时南半球的潜热通量较夏季有所减小，最大等值线减小到 160 W/m² 。北印度洋区域的潜热通量较夏季也有所减小，减小了约 20 W/m² 。整个研究海区的潜热通量在气候突变前后的变化以黑潮区域最大，最大等值线由气候突变前的 200 W/m² ，增加到气候突变后的 220 W/m² ，增加了近 20 W/m² 。受其影响，南海区域的潜热通量也有所增加。而西太平洋暖池区域的潜热通量变化却较小。南印度洋的潜热通量在气候突变之后最大等值线范围比气候突变前有所扩大。赤道印度洋区域的潜热通量在突变后也有所增加，突变前整个赤道印度洋潜热通量都小于 120 W/m² ，但是在气候突变后赤道中印度洋潜热通量明显大于 120 W/m² 。在气候突变前后北印度洋孟加拉湾地区的潜热通量变化幅度较小，突变后略有增加，而阿拉伯海的潜热通量在气候突变后则有所减小，突变后大于 100 W/m² 的区域明显小于突变前。总的来看，秋季的潜热通量在气候突变后表现为增加的趋势，但北印度洋阿拉伯海的潜热在突变后却是减小的。

综上所述，在各季节研究海区的潜热通量在气候突变后基本呈增加趋势，不同区域不同季节增加的幅度略有不同，减小的情况仅仅出现在春季的暖池区域和秋季的阿拉伯海区域。可见，气候突变之后，海洋向大气释放更多的潜热。

我们进一步分析了气候突变前后各区域平均的海气潜热通量随季节的变化（见图 3.3 - 5），结果表明，不同海区的变化各有不同。黑潮区域潜热通量在夏季最小（6 月最小），在冬季最大，并且在气候突变后，潜热通量有所增加，主要是冬季增加较大，12 月份增加了 40 W/m² 以上，而夏季几乎没有变化，6—7 月变化几乎为零。南海的潜热通量表现为春季最小，冬季最大，并且气候突变后潜热通量有所增加，也是冬季增加幅度最大，12 月份增加了 15 W/m² 以上，而春季则基本没有变化，4—5 月份变化几乎为零。西太平洋暖池区域的潜热通量在 5 月份最小，在冬季最大，气候突变后，暖池区的潜热通量

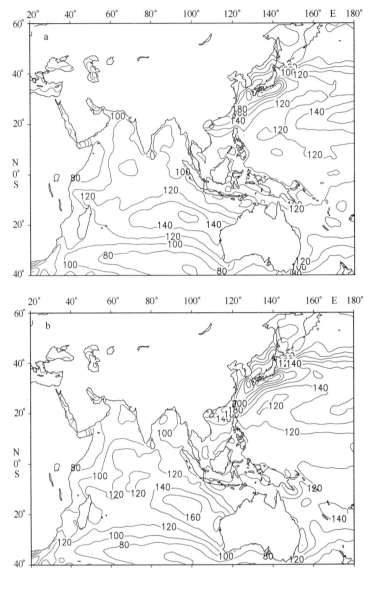

图 3.3-4　10 月份，潜热通量在气候突变前（a）
后（b）的分布（W/m²）

也以增加为主，在夏季和冬季增幅较大，但在春季（4—5 月）却是减小的，这与前面的
分析结果是一致的。南印度洋的潜热通量表现为夏季最大，冬季最小，变化趋势正好和
黑潮区域的相反，其在气候突变之后表现为全年都明显增加，并且在夏季的增幅最大，6
月份增加了近 20 W/m²，秋季增幅最小。北印度洋区域的潜热通量呈现出双峰双谷的变
化趋势，冬夏季节为峰值，以冬季最大，夏季次之，特别是气候突变后更明显；春秋季
节降到低谷。其中秋季最低。该区域的潜热在气候突变后也明显增加，以冬季和夏季增
加幅度较大，而春秋两季变化较小，其中 5 月、9 月和 10 月几乎没有变化。前面提到的

秋季阿拉伯海的潜热通量在气候突变后减小的特征，在这里没有表现出来，主要是因为孟加拉湾区域的潜热是增加，这样在区域平均时互相抵消了，整体即表现为没有变化。赤道印度洋的潜热通量与南印度洋一致，也是夏季最大，冬季最小，并且其在气候突变之后也是全年都明显增加，且以夏季增加最为显著。

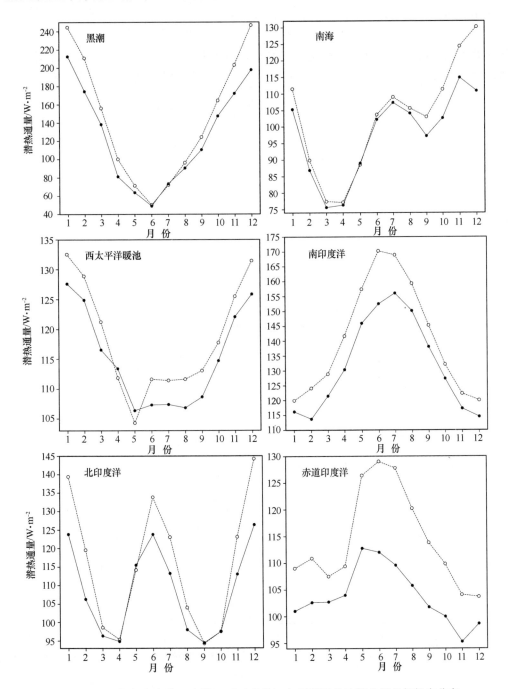

图 3.3-5　气候突变前（实线）后（虚线）各区域平均的潜热通量气候态分布

　　总结来看，各海区平均的潜热通量在气候突变之后主要是增加的，北半球的海区以冬季增加幅度较大，而南半球的区域以夏季增加幅度较大。但值得注意的是，春季西太平洋暖池区域的潜热通量在气候突变之后却是减小的，这一现象与我们研究（Wang et al.，2012）的春季西太平洋暖池深度在气候突变之后是变浅的相吻合，这说明，在气候突变后，春季暖池区域的热量是减少的。

　　下面介绍感热通量不同季节在气候突变前后的变化特征（图 3.3－6 ~ 3.3－10），从图中可以看到，感热通量在不同季节的变化也各有差异，但整体来看其量值要比潜热通量小很多，几乎差一个量级，并且其变化幅度也小于潜热通量的变化。

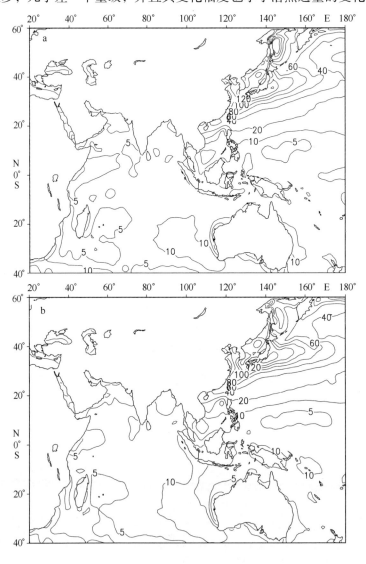

图 3.3－6　1 月份，感热通量气候突变前（a）
后（b）分布（W/m²）

在冬季（见图 3.3 - 6），感热通量也是在黑潮区域最大，最大值可达到 140 W/m² ，并且气候突变之后，该区域的感热通量也明显增加，表现为 140 W/m² 等值线范围明显扩大，可见冬季黑潮区域海洋向大气释放较多的感热，气候突变后释放的感热通量更多。受黑潮的影响，南海区域的感热通量维持在 30 W/m² 左右，其在气候突变后感热通量也有所增加，但增加幅度较小。除了黑潮和南海区域之外，其他区域的感热通量量值较小，都在 20 W/m² 以下。西太平洋暖池区域的感热通量低于 10 W/m² ，气候突变前后该区域感热通量变化也较小，表现为气候突变后 5 W/m² 等值线范围略有增加，说明感热通量有所减小。赤道印度洋和北印度洋区域的感热通量也都小于 10 W/m² ，在气候突变后，两个区域小于 5 W/m² 的范围都有所减小，北印度洋大于 10 W/m² 的范围略有增加，说明气候突变后赤道印度洋和北印度洋感热通量都有增加。

南印度洋的感热通量也维持在 10 W/m² 左右，以澳大利亚西南海岸的量值较大，最大值超过 10 W/m² ，并且气候突变之后 10 W/m² 等值线范围明显扩大，向东北方向扩展较多。总的来看，在气候突变后，冬季的感热通量有所增加，各区域增加的幅度稍有不同，黑潮区域增加最大，其他区域较小，只有西太平洋暖池区域的感热通量略有减小。

在春季（见图 3.3 - 7），最大感热通量仍出现在黑潮区域，但其量值较冬季迅速减小，最大等值线才只有 20 W/m² 。其年代际变化与冬季相同，也是气候突变之后有所增加，20 W/m² 等值线范围明显扩大。南海区域的感热通量小于 5 W/m² ，并且其在气候突变后略有增加。西太平洋暖池区域的感热通量仍小于 10 W/m² ，并且其在气候突变后 5 W/m² 等值线范围变大，而 10 W/m² 等值线范围变小，也就是说气候突变之后暖池区感热通量有所减小，这与该区域潜热通量在春季减小的变化特征是一致的。北印度洋和赤道印度洋的感热通量也同样是维持在 10 W/m² 以下，并且其在气候突变前后的差异很小，几乎没有变化。南印度洋的感热通量较冬季时明显增加，10 W/m² 等值线覆盖了 20°S 以南的全部区域，其在气候突变前后的变化也不是很明显。总之，春季的感热通量整体表现为从冬季向夏季转换的趋势，与冬季相比，北半球感热通量减小，南半球感热通量增加。整个研究区域感热通量在气候突变前后的差异都不是很大，只是西太平洋暖池区域的感热通量在突变后有所减小。

在夏季（见图 3.3 - 8），感热通量一个显著的特征是在北半球出现了负值，即海洋从大气吸收热量，负值区主要出现在北印度洋阿拉伯海西北部，以及北太平洋 40°N 以北的区域。另一个显著特征是，最大感热通量出现在南半球，在澳大利亚的东西沿岸，最大值超过 40 W/m² ，并且气候突变之后该区域的感热通量明显增加。在澳大利亚东南沿岸的感热通量增加到 60 W/m² 以上，成为研究区域内的最大值。受南印度洋感热通量增加的影响，赤道印度洋的感热通量也有所增加，气候突变之后，该区域感热通量已明显超过 10 W/m² 。北印度洋的感热通量尽管出现了负值，但其在气候突变前后的变化却较小，表现为略有增加。此外，黑潮区域的感热通量较春季继续减小，量值已经低于 5 W/m² ，并且其在气候突变后小于 0 W/m² 的区域有所扩大，这说明气候突变后，夏季黑潮区域的感热通量有所减小。南海区域的感热通量小于 5 W/m² ，并且突变前后变化较小。西太平洋暖池区域的感热通量继续维持在 10 W/m² 以下，且在气候

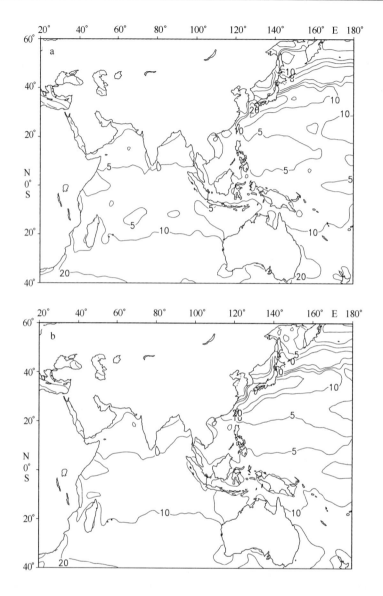

图 3.3 - 7 4 月份，感热通量气候突变前（a）后（b）分布（W/m²）

突变前后的变化也较小。总的来看，夏季的感热通量最大值出现在南半球，而北半球较小，且出现了小于 0 W/m² 的区域。在气候突变前后，各区域感热通量变化有所不同，在南印度洋和赤道印度洋，气候突变后感热明显增加；而在黑潮区域，感热通量在突变后有所减小；其他区域感热通量变化不大，表现为突变后略有增加。

在秋季（见图 3.3 - 9），与夏季相比，北半球的感热通量开始增加，特别是黑潮区域的感热通量迅速增加，由夏季的小于 5 W/m² 增加到最大超过 40 W/m²，同时，北印度洋阿拉伯海以及北太平洋区域的感热通量也由负值增加到正值，即海洋向大气释放热量。而南半球的感热通量与夏季相比开始减小，最大等值线由 40 W/m² 减小到

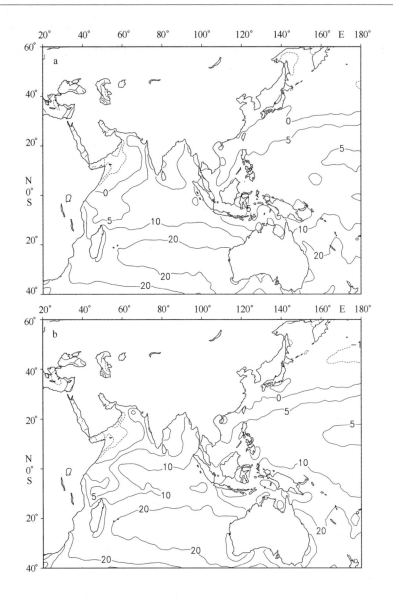

图 3.3 - 8　7 月份，感热通量气候突变前（a）后（b）分布（W/m²）

20 W/m²。可见，感热通量在秋季主要表现为由夏季向冬季转换的特征。其在气候突变前后的变化也有显著转变，具体表现为，在气候突变后，黑潮区域的感热通量有所增加，主要是 20 W/m² 等值线范围明显增加；南海的感热通量量值增加到 10 W/m² 左右，其在突变前后的变化较小；西太平洋暖池区域的感热通量在突变后也有所增加，主要是低于 5 W/m² 的范围明显减小；气候突变后，澳大利亚东西海岸的感热通量都明显增加，西部沿海表现为超过 20 W/m² 的范围明显增加，而东部沿海的感热通量直接增加了近 30 W/m²；赤道印度洋的感热通量也明显增加，超过 10 W/m² 的范围明显扩大；北印度洋的感热通量变化较小，具体表现为孟加拉湾的感热通量在气候突变之后略有增加，而阿拉伯海区域的感热在突变后则略有减小。总之，秋季的感热通量，无论是分布特征还是年代际变化都表现为由夏季向冬季转换的特征，北半球量值和变化幅度较大，而南半球量值和变化幅度较小。

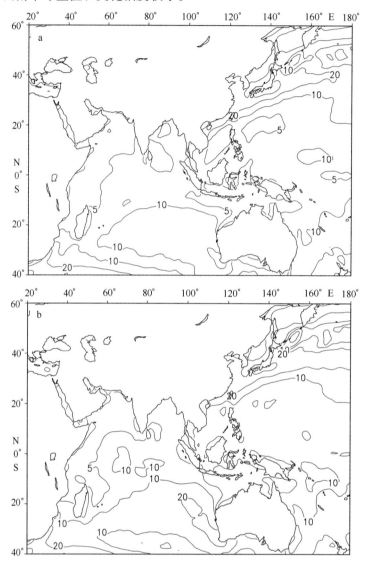

图3.3-9　10月份，感热通量气候突变前（a）后（b）分布（W/m²）

　　进一步对各区域平均的感热通量变化特征及其在气候突变前后变化差异的分析表明（见图3.3-10），黑潮区域的感热通量在冬季最大，夏季最小，与潜热通量的变化特征相同。在气候突变后，黑潮区域的感热通量在冬季增加最大，而在夏季（6—7月）略有减小，其他季节增加较少。南海的感热通量则表现为冬季最大，春季最小，这与潜热通量的变化特征也是相同的，并且在气候突变后，该区域的感热通量在全年都是增加的，以冬季（12月份）增加最大。西太平洋暖池的感热通量则在春季最小，

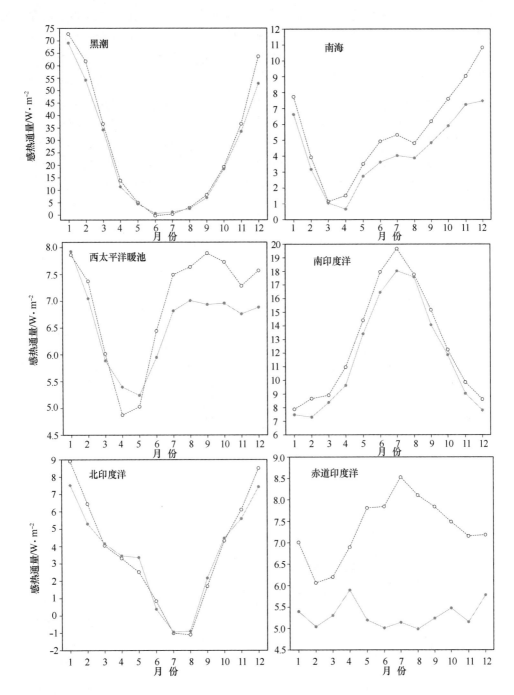

图 3.3 - 10　气候突变前（实线）后（虚线）各区域平均的感热通量气候态分布

冬季较大，其在气候突变后，秋季增加最大，而春季（4—5 月）则是减小的，这与潜
热通量在春季减小是一致的，另外，在 1 月份也略有减小，其他月份则都是增加的。
南印度洋区域的感热通量表现为夏季最大，而冬季最小，与该区域潜热通量的变化特征是一致的，其在气候突变后也表现为全年增加的变化特征，并且在夏季增加幅度最大，这一点也与潜热通量的年代际变化是相同的。北印度洋的感热通量变化表现为冬季最大，夏季最小，其在气候突变前后的变化较复杂，主要是突变后在冬季感热通量是增加的，并且增加幅度为全年最大，而在 3—5 月和 7—10 月，感热通量都有小幅度的减小，以 5 月减小最明显，减小了约 1 W/m^2。赤道印度洋的感热通量在突变前变化较平缓，而在突变后出现了夏季最大的单峰结构，并且在突变后，其全年都是增加的，且以夏季增加最大。

总之，感热通量在气候突变前后各区域的变化是不同的，其中南海、南印度洋和赤道印度洋在气候突变后全年都是增加的；而黑潮区域在夏季略有减小，其他季节是增加的；西太平洋暖池则是在春季减小，其他季节增加，这一点与潜热通量的特征是一致的，说明气候突变后春季的暖池向大气释放的热量减小；而北印度洋的感热通量在突变后变化较复杂，主要是冬季是增加的，而其他季节略有减小或不变。

3.4　结　论

通过对西太平洋和印度洋区域的海气热通量的分析表明，研究区域的感热和潜热通量都具有明显的年代际变化，西太平洋暖池、黑潮、南海、南印度洋、北印度洋和赤道印度洋这几个区域平均的感热和潜热通量在长时间尺度上都有不同程度的增加趋势，无论是潜热还是感热通量都是黑潮区域的增幅最大，西太平洋暖池增幅最小。

对不同季节海气热通量的变化分析表明，研究区域的海气热通量表现为显著的冬、夏季相互转换，而春秋季是过渡季节的变化特征。具体表现为：

在冬季，气候突变后潜热通量在各海区都是增加的，但是黑潮区域的增幅最大，气候突变前后的差异高达 40 W/m^2；而北印度洋区域的增幅次之，气候突变后增幅超过了 20 W/m^2；南印度洋的潜热通量增幅最小，量值小于 5 W/m^2。感热通量在各海区也表现为气候突变后是增加的，并且也是黑潮区域增幅最大，增加了约 10 W/m^2；而南海区域的增幅次之，增加了约 4 W/m^2；而南印度洋的增幅最小，增幅小于 1 W/m^2。

在夏季，气候突变后潜热通量在南印度洋区域增加幅度最大，增幅近 20 W/m^2；而在赤道印度洋次之，增幅达到 15 W/m^2；在黑潮区域增加最小，突变前后几乎没有变化；南海区域的潜热通量在气候突变前后的变化也很小。感热通量则表现为，气候突变后赤道印度洋的增幅最大，增加了约 3 W/m^2；而南印度洋的增幅次之，增加了近 2 W/m^2；特别是黑潮区域和北印度洋区域的感热通量在气候突变后比突变前略有减小。

在春季，气候突变后潜热通量在研究海区的变化较小，主要呈现较弱的增加趋势，但西太平洋暖池区域例外，其在突变后比突变前是减小的。感热通量也是在西太平洋暖池区域是减小的，此外在北印度洋也略有减小，而其他区域是略有增加或不变。总之，西太平洋暖池区域的潜热和感热通量在气候突变后减小，是春季的显著特征。

在秋季，潜热通量表现为突变后有所增加或者基本不变的特征，其赤道印度洋的增幅最大，增加了近 10 W/m^2；北印度洋增幅最小，基本不变。感热通量则是在北印度洋减小，而其他区域增加，并且在赤道印度洋增加最大，增加了 2 W/m^2 左右。

参 考 文 献

肖栋, 李建平. 2007. 全球海表温度场中主要的年代际突变及其模态. 大气科学, 31 (5): 839 – 854.

Graham N E, Barnett T P, Wilde R, et al. 1994. On the roles of tropical and mid-latitude SSTs in forcing interannual to interdecadal variability in the winter northern hemisphere circulation. Journal of Climate, 7 (9): 1416 – 1441.

Nitta T, Yamada S. 1989. Recent warming of tropical sea surface temperature and its relationship to the Northern Hemisphere circulation. Journal of the Meteorological Society of Japan, 67 (3): 375 – 383.

Trenberth K E, Hurrell J W. 1994. Decadal atmosphere-ocean variations in the Pacific. Climate Dynamics, 9: 303 – 319.

Wang B. 1995. Interdecadal changes in El Niño onset in the last four decades. Journal of Climate, 8: 267 – 285.

Wang H N, Chen J N, Liu Q Y. 2012. Interdecadal variability of the western Pacific Warm Pool// 2012 IEEE International Geosciences and Remote Sensing Symposium: 864 – 867.

Yamamoto T, Sanga N K. 1986. An analysis of climatic jump. Journal of the Meteorological Society of Japan, 11: 273 – 281.

Yu L, Weller R A. 2007. Objectively Analyzed air-sea heat Fluxes (OAFlux) for the global oceans. Bull. Ameri. Meteor. Soc. , 88: 527 – 539.

Zhang R H, Levitus S. 1997. Structrue and cycle of decadal variability of upper ocean temperature in the North Pacific. Journal of Climate, 10 (4): 710 – 727.

第 4 章　ENSO 循环过程中海气热通量的变化特征

　　本章我们将主要探讨在 ENSO 过程中，研究海区的海气热通量（感热通量和潜热通量）的变化特征，主要包括东部型和中部型冷暖事件过程中海气热通量的分布特征及其异同点。我们知道 ENSO 事件是海气相互作用的产物，而感热和潜热通量又是海气相互作用的关键因子，因此，探讨海气热通量在 ENSO 过程中的变化具有重要的科学意义，这有利于增进人们对海气相互作用以及海洋和大气变化的理解。

　　目前已有学者对 ENSO 过程中海气热通量的变化进行了研究，例如，Long（1989）研究了热带西太平洋感热和潜热通量变化与 ENSO 的关系指出，在 El Niño 发展年 3 月到成熟年 7 月，西太平洋海气热通量呈现正异常，而在成熟年 8 月到翌年 3 月，西太平洋海气热通量则呈现负异常。Fu 等（1992）研究了 1978—1988 年的热带太平洋海气潜热通量的变化，指出在 ENSO 暖事件时潜热通量明显增加，而在 ENSO 冷事件时潜热通量明显减小。徐桂玉和徐炳凯（1993）研究了 ENSO 冷暖位相年太平洋感热和潜热通量的差异，指出二者在冷暖位相年的变化趋势相反，并且最大差异出现在冬季。程华（2008）则研究了冷暖 ENSO 事件过程中，西太平洋海气热通量的低频振荡特征，指出西太平洋的低频振荡在 La Niña 年比 El Niño 年强，并且在 6—7 月最强，并指出潜热通量是海气热通量低频振荡的主要因素。孙虎林和黎伟标（2008）研究了 ENSO 冷暖事件期间海气潜热通量的变化差异，指出 Niño3 区的潜热通量差异最大，其在 El Niño 年明显大于 La Niña 年。

　　尽管已取得了上述研究成果，但前人的研究主要集中在太平洋的相关区域，并且没有对最近几年提出的东部型和中部型 ENSO 事件（Larkin and Harrison，2005；Ashok et al.，2007；Kao and Yu，2009；Kug et al.，2009）进行分类研究，而我们将对印度洋和太平洋相关区域都进行研究，并且根据东部型和中部型 ENSO 事件的分类进行对比研究，从而给出更广泛、更全面的 ENSO 过程中海气热通量的分布及变化特征。

　　本章采用的热通量资料为 OAFlux 资料，与第 3 章的热通量资料相同，在此不再重复介绍。东部型和中部型 ENSO 冷、暖事件是选取大家公认的一些典型年份，东部型 El Niño 是以 1965/1966，1972/1973，1982/1983，1997/1998 四次事件为代表；中部型 El Niño 则选取 1994/1995，2002/2003，2004/2005，2009/2010 四次事件为代表；东部型 La Niña 是以 1970/1971，1975/1976，1988/1989，2007/2008 四次事件为代表；中部型 La Niña 则选取 1983/1984，1998/1999 两次事件为代表。

4.1　El Niño 过程中海气热通量的变化

4.1.1　东部型 El Niño 过程中海气热通量的变化

　　首先探讨东部型 El Niño 过程中海气热通量的变化特征。我们选取事件发展期（前一年夏季：6—8 月）和成熟期（当年冬季：12 月—2 月）两个时期进行讨论。图 4.1 – 1 是东部型 El Niño 事件发展期的潜热通量变化图，由图可以看到，在东部型 El Niño 事件的发展期，潜热通量在黑潮区域和南海地区主要呈现负异常，但量值较小，绝对值小于 15 W/m^2；在西太平洋暖池区域的潜热通量也以负异常为主，仅在新几内亚东南沿岸出现了较明显的正异常，且正异常量值超过了 20 W/m^2；在印度洋区域，北印度洋孟加拉湾地区的潜热通量以负异常为主，仅在安达曼海出现了正异常，且正负异常的量值都比较小，而在阿拉伯海区域则主要呈现正异常，量值也较小，低于 10 W/m^2；潜热通量在赤道印度洋表现为东西为正异常，中部为负异常的分布状态，量值也都较小；在南印度洋则主要是呈现负异常，特别是海盆西部，负异常超过了 – 20 W/m^2，但在 80° ~ 100°E 的南印度洋区域，潜热通量出现了一个正异常中心，中心值超过了 10 W/m^2。

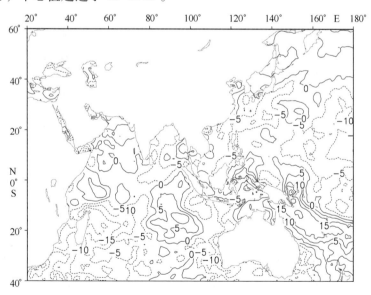

图 4.1 – 1　东部型 El Niño 事件发展期潜热通量距平值分布（W/m^2）

　　为了进一步体现东部型 El Niño 发展期潜热通量的分布特征，我们给出了正常年份（1959/1960，1979/1980，1990/1991，3 年合成）夏季平均的潜热通量距平场（见图4.1 – 2），通过对比可以发现，在东部型 El Niño 的发展期，黑潮和南海区域的潜热通量较正常年份有所减弱，而西太平洋暖池区与正常年份的差异较小，但值得注意的是在新几内亚的东南部地区，潜热通量较正常年份是明显增加的；印度洋区域的差异主要体现在南印度洋的西部海区，潜热通量明显比正常年份偏低，另外，孟加拉湾区域的潜热通量也比正常年份有所减小。

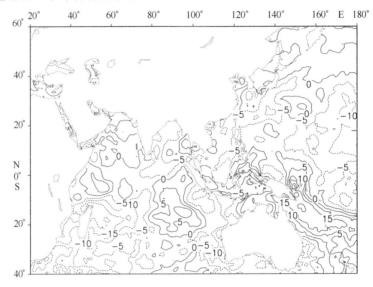

图 4.1－2　正常年份夏季平均潜热通量距平值分布（W/m²）

在东部型 El Niño 事件的成熟期（冬季），潜热通量距平值的分布见图 4.1－3，从图中可以看到，黑潮区域表现为很强的负异常，并且负异常中心超过了 −30 W/m²；南海则呈现出北部为负异常而南部为正异常的南北反位相分布状态；西太平洋暖池区域则以正异常为主，但强度较弱，不超过 10 W/m²；印度洋区域的潜热通量则表现为，在北印度洋孟加拉湾海区主要为负异常，最大负距平值超过 −15 W/m²；而阿拉伯海区域则以正异常为主，但强度较弱，最大正距平仅为 5 W/m²；赤道印度洋则呈现出东部为负异常而西部为正异常的东西反位相分布状态，但正距平量值较小，负距平量值可达到 −15 W/m²；南印度洋则主要呈现出负异常分布状态，并且量值也比较小。

我们将东部型 El Niño 事件成熟期的潜热通量与正常年份冬季的潜热通量距平值（见图 4.1－4，年份选择同图 4.1－2）进行对比，结果表明，在东部型 El Niño 的成熟期，黑潮区域的潜热通量较正常年份是减弱的，即海洋向大气输送的潜热减少；在南海地区，潜热通量在南海北部的差异较小，而在南海南部，东部型 El Niño 成熟期时潜热通量较正常年份明显增加，由负异常增加到正异常；在西太平洋暖池区域，潜热通量也比正常年份是增加的，正常年份的冬季暖池区潜热通量呈现负异常，而在东部型 El Niño 事件时，暖池区潜热通量基本呈现正异常，即东部型 El Niño 时暖池向大气释放更多的潜热。在印度洋，与正常年份相比，阿拉伯海的潜热通量在东部型 El Niño 的成熟期有所增加，而孟加拉湾海区的潜热通量则是有所减弱的；赤道印度洋的潜热通量在东部型 El Niño 时表现为西部较常年增加，而东部是较常年减小的分布状态；南印度洋的潜热通量主要表现为较正常年份减小的特征，减小幅度约为 15 W/m²。

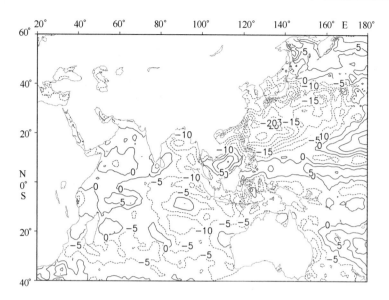

图 4.1 - 3　东部型 El Niño 事件成熟期潜热通量距平值分布（W/m²）

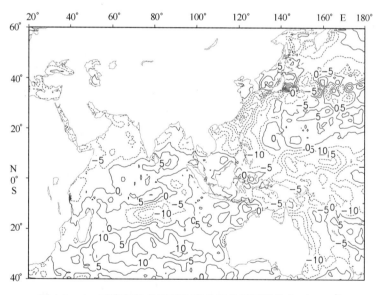

图 4.1 - 4　正常年份冬季平均潜热通量距平值分布（W/m²）

　　下面介绍感热通量在东部型 El Niño 事件过程中的变化特征。图 4.1 - 5 是感热通量在东部型 El Niño 发展期的分布图，从图中可以看到，感热通量的量值较小，研究区域的感热通量距平值基本在 - 5 ~ 5 W/m² 之间。黑潮和南海区域的感热通量距平值基本维持 0 W/m² 左右，即变化很小。西太平洋暖池区域的感热呈现负异常，最大异常值超过 - 2 W/m²。印度洋区域的感热通量则表现为在阿拉伯海区域呈现正异常，特别是西部沿岸，异常值超过 4 W/m²，而在孟加拉湾主要是负异常，特别是在西北沿岸，异常值超过 - 2 W/m²。南印度洋的感热通量呈现出西部为负异常，东部为正异常的东西

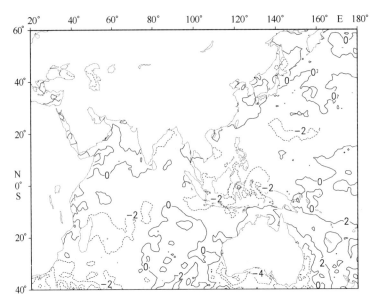

图 4.1－5　东部型 El Niño 事件发展期感热通量距平值分布（W/m²）

反位相分布特征。

　　与正常年份夏季平均的感热通量距平场（图4.1－6）相比，东部型 El Niño 的发展期太平洋的感热通量无明显变化，主要是西太平洋暖池区域西部的感热通量有所减少。而印度洋区域则是阿拉伯海的感热通量较正常年份明显增加，孟加拉湾北部区域是减少的。而南印度洋则表现为整体减少的特征，特别是西南印度洋较正常年份显著减少，最大差值超过 10 W/m²。总之，在东部型 El Niño 的发展期，感热通量在西太平洋和西南印度洋是减少的，而在北印度洋阿拉伯海区域则是增加的。

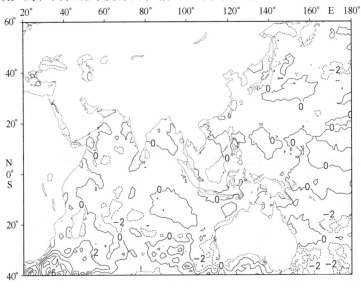

图 4.1－6　正常年份夏季平均的感热通量距平值分布（W/m²）

　　图 4.1 - 7 是感热通量在东部型 El Niño 成熟期的分布图，从图中可以看到感热通量在黑潮区域和中国近海呈现出显著的负异常，最大异常值出现在日本附近，超过 -16 W/m²。暖池区域表现为西部负异常，东部正异常的东西反位相变化特征，但正负量值都比较小。而印度洋区域的感热通量异常值非常小，基本维持在 -4 ~ 2 W/m² 之间。北印度洋为很弱的正异常，赤道东印度洋为负异常，南印度洋也呈现弱的负异常。

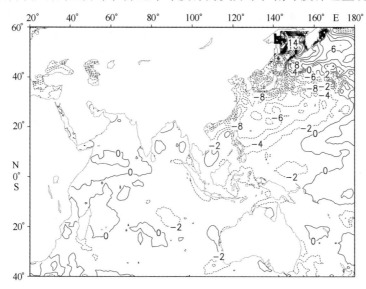

图 4.1 - 7　东部型 El Niño 事件成熟期感热通量距平值分布（W/m²）

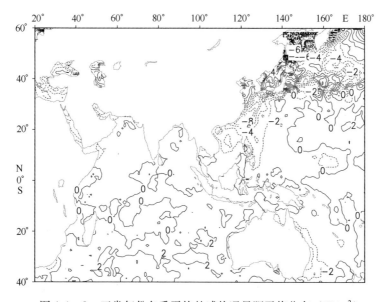

图 4.1 - 8　正常年份冬季平均的感热通量距平值分布（W/m²）

　　与正常年份冬季平均的感热通量距平值（图 4.1 - 8）相比可以知道，西太平洋区域的感热通量在东部型 El Niño 成熟期明显减少，特别是黑潮区域减少了约 8 W/m²，即海洋向大气释放的感热较正常年份是减少的。印度洋的感热通量则是在南印度洋有所减少，而北印度洋几乎没有变化。

4.1.2　中部型 El Niño 过程中海气热通量的变化

接下来介绍中部型 El Niño 发展期和成熟期海气热通量的变化特征。图 4.1 - 9 是中部型 El Niño 发展期的海气潜热通量距平场分布图，从图中可以看到，黑潮区域的潜热通量呈现为正异常，但量值较小，基本在 5 W/m² 左右。南海的潜热通量也比较小，在南海的中东部区域是负异常，量值在 0 ~ - 5 W/m² 之间；而在西部沿岸地区则为正异常，量值在 5 ~ 10 W/m² 之间。西太平洋暖池区域的潜热通量以正异常为主，局部出现负异常，但量值都比较小。在中部型 El Niño 的发展期，印度洋的潜热通量主要呈现正异常，但在西南印度洋表现为负异常。赤道印度洋正异常较明显，最大值超过 20 W/m²。而北印度洋的潜热通量量值较小，在孟加拉湾和阿拉伯海的局部地区甚至出现了负异常。南印度洋表现为东正西负的反位相变化特征，正异常最大值超过 25 W/m²，负异常中心也超过 - 15 W/m²。

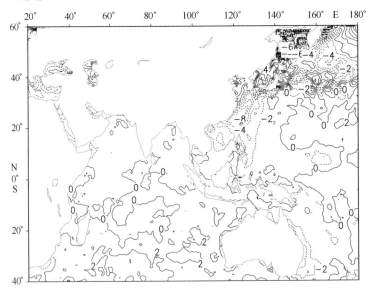

图 4.1 - 9　中部型 El Niño 事件发展期潜热通量距平值分布（W/m²）

与正常年份夏季的潜热通量变化（图 4.1 - 9）对比可以看到，黑潮区域的潜热通量稍有增加，增加了约 5 W/m²；而南海海域的潜热通量变化不大；西太平洋暖池区域的潜热通量较正常年份是增加的，特别是暖池西部增加了约 25 W/m²，暖池东部的变化相对较小。在印度洋，最大差异出现在西南印度洋，由正异常变为负异常，最大差值约为 30 W/m²；而赤道印度洋则呈现出增加的趋势，由正常年份的负异常增加到中部型 El Niño 时期的正异常，增加了约 20 W/m²。北印度洋的潜热通量差异较小。总的来看，在中部型 El Niño 的发展期，潜热通量在西太平洋暖池西部有显著增加，在赤道印度洋也明显增加，而在西南印度洋则明显减小，此外其他海区的变化相对较小。

而与东部型 El Niño 发展期潜热通量（见图 4.1 - 1）比较可知，西太平洋的显著差异是黑潮区域的潜热通量明显增加，即由东部型时的负异常增加到中部型时期的显著正异常，增加了约 15 W/m²。而印度洋的显著差异是赤道中印度洋的潜热通量显著增加，由东部型时期弱的负异常增加到中部型时期的显著正异常，增加了约 20 W/m²。其他区域的差异不是很显著。

图 4.1 - 10 是潜热通量在中部型 El Niño 成熟期的分布图，从图中可以看到，黑潮及其延伸体区域，潜热通量呈现正异常，特别是其延伸体区域，正异常尤为显著。南海区域则表现为北部为负异常，南部为正异常的南北反位相分布特征。西太平洋暖池区域则表现为西北部为弱的正异常，其他为弱的负异常。在印度洋，潜热通量距平值整体较小，具体为在北印度洋的孟加拉湾和阿拉伯海都呈现正异常，最大异常中心出现在孟加拉湾东北部，量值超过 25 W/m²。在赤道印度洋，潜热通量的变化较小，距平值在 5 ~ -5 W/m² 之间。南印度洋的潜热通量表现为中部为负异常，最大异常值超过 -10 W/m²，其他区域为弱的正异常。

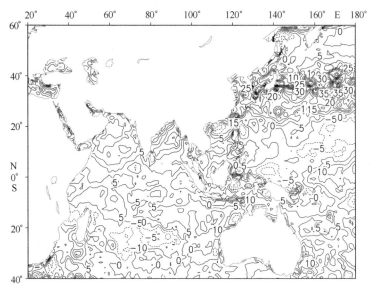

图 4.1 - 10 中部型 El Niño 事件成熟期潜热通量距平值分布（W/m²）

通过与正常年份的冬季（见图 4.1 - 4）潜热通量对比可知，在中部型 El Niño 事件的成熟期，黑潮区域的潜热通量明显增加，且增加幅度较大。南海区域则表现为，南海北部变化较少，南部有所增加，由负异常转变为正异常。西太平洋暖池区域的潜热通量比正常年份也是增加的，增加了约 10 W/m²。印度洋的潜热通量与正常年份相比，表现为北印度洋潜热增加而南印度洋则是显著减小。北印度洋的潜热通量的最大增幅约为 30 W/m²，南印度洋则减小了约 20 W/m²，特别是在南印度洋的中部海区。赤道印度洋的潜热通量较正常年份稍有增加，但幅度较小。总之，在中部型 El Niño 的成熟期，黑潮区域、北印度洋以及西太平洋暖池区域的潜热通量都有所增加，即向大气释放更多的热量。

与东部型 El Niño 成熟期的潜热通量（见图4.1－3）相比较可知，显著差异是在黑潮区域和北印度洋孟加拉湾区域，这两个区域都是由东部型事件时的显著负异常增加到中部型事件时的显著正异常，增加量值都超过了 40 W/m²，特别是黑潮区域的差异更显著。而其他区域的差异相对较小。

接下来我们介绍中部型 El Niño 时感热通量的变化特征，首先分析发展期（图4.1－11）感热通量的变化，从图中可以看到，西太平洋的感热通量距平值较小，在黑潮和南海区域的感热通量距平值在 0 W/m² 左右，西太平洋暖池区域的感热通量在 0～2 W/m² 之间。印度洋的感热通量表现为在北印度洋是较弱的负异常，特别是孟加拉湾海区维持在 0 ～ －2 W/m² 之间，而赤道太平洋则是明显的正异常，最大异常值超过 4 W/m²。南印度洋表现为西南部是负异常而东北部是正异常的反位相分布特征，负异常最大值超过 －8 W/m²，出现在 40°S 附近；而最大正异常超过 6 W/m²，出现在 20°S 附近。

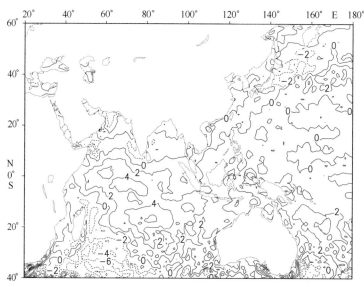

图 4.1－11　中部型 El Niño 事件发展期感热通量距平值分布（W/m²）

与正常年份夏季（见图4.1－6）平均的感热通量对比可知，西太平洋区域的感热通量变化不大，即正常年份和中部型 El Niño 年的距平值都是 0 W/m² 左右。印度洋的感热通量较正常年份有显著变化，北印度洋区域有所减弱，特别是在阿拉伯海西部比正常年份减少了约 5 W/m²；而赤道印度洋区域则比正常年份明显增强，由正常年份的负异常转变成正异常，增加了约 4 W/m²；西南印度洋区域的感热通量较正常年份明显减弱，由正常年份显著的正异常转变成中部型 El Niño 时显著的负异常，减小了约 10 W/m²；南印度洋中部则表现为增加的趋势。

与东部型 El Niño 发展期的感热通量变化（见图4.1－5）相比可知，二者的显著差异出现在赤道印度洋，东部型 El Niño 时赤道印度洋感热通量是弱的负异常，而中部型 El Niño 时则是较强的正异常，相差超过 4 W/m²。此外，北印度洋阿拉伯海区域的感热通量在东部型 El Niño 是正异常，而在中部型 El Niño 则是负异常，即呈现反位相变化特征。西太平洋的感热通量在东部型 El Niño 是弱的负异常，而在中部型 El Niño 则是弱的正异常。

　　下面介绍中部型 El Niño 成熟期感热通量（图 4.1－12）的变化特征，从图中可以看到，显著的变化出现在黑潮区域，特别是黑潮延伸体区域呈现显著的正异常，最大异常值超过 15 W/m²。而印度洋区域的感热通量变化则较小。与正常年份冬季平均的感热通量（见图 4.1－8）变化相比可知，除了黑潮区域的感热通量增加较明显，其他区域基本没有差异。黑潮区域的感热通量在中部型 El Niño 成熟期较正常年份的增加值超过 10 W/m²。

　　与东部型 El Niño 成熟期的感热通量（见图 4.1－7）对比可知，西太平洋区域的感热通量在东部型和中部型事件时呈反位相变化特征，即在东部型 El Niño 成熟期西太平洋的感热通量基本是负异常，而在中部型 El Niño 时则是正异常，特别是黑潮区域，正负异常的差值超过 25 W/m²。印度洋的感热通量差异较小，中部型 El Niño 比东部型 El Niño 稍有增加。

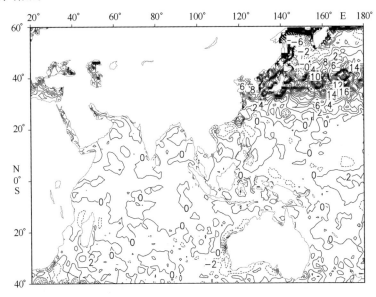

图 4.1－12　中部型 El Niño 事件成熟期感热通量距平值分布（W/m²）

4.2　La Niña 过程中海气热通量的变化

　　本节我们将介绍两类 La Niña 事件过程中，印度洋和太平洋区域的海气热通量变化特征，我们选取 1970/1971，1975/1976，1988/1989，2007/2008 四次 La Niña 事件为东部型 La Niña；选取 1983/1984，1998/1999 两次事件为中部型 La Niña。尽管目前有些学者仍对两类 La Niña 的区分存在分歧，但是我们选取的这几次事件都比较典型，能够较好的反应两类 La Niña 事件的特征。下面分别介绍东部型和中部型 La Niña 事件过程中的感热通量和潜热通量的变化特征。

4.2.1　东部型 La Niña 过程中海气热通量的变化

　　首先分析东部型 La Niña 过程中潜热通量的变化特征，图 4.2 - 1 是东部型 La Niña 事件发展期的潜热通量距平值分布图，从图中可以看到潜热通量的变化在各区域差异很大，例如在台湾以东的黑潮区域，潜热通量呈现弱的正异常，而在日本东南部的黑潮及其延伸体区域，潜热通量则呈现负异常。南海区域的潜热通量呈现显著的正异常，最大异常值超过 10 W/m² 。西太平洋暖池区域则呈现弱的正异常。在印度洋区域，赤道印度洋区域呈现显著的负异常，最大异常值超过 - 15 W/m² ，而北印度洋孟加拉湾地区却呈现弱的正异常，阿拉伯海地区是负异常。南印度洋则呈现东西负异常，中间正异常的 "triple" 形态。

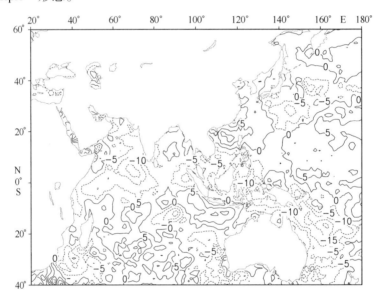

图 4.2 - 1　东部型　La Niña 事件发展期潜热通量距平值分布（W/m²）

　　与正常年份夏季（见图 4.1 - 2）平均的潜热通量变化相比，东部型 La Niña 时西太平洋暖池的潜热通量显著增加，由正常年份的负异常增加到东部型 La Niña 时的正异常，增加了约 10 W/m² 。赤道印度洋和阿拉伯海的潜热通量有所减小，降低了约 5 W/m² ；另外，西南印度洋的潜热通量显著降低，由正常年份的正异常减小到东部型 La Niña 时的负异常，降低了约 20 W/m² 。

　　与东部型 El Niño 事件发展期（见图 4.1 - 1）相比可以看到，二者在西太平洋、赤道印度洋和北印度洋都呈现相反的变化特征，只是在南印度洋呈现相同的变化趋势。而与中部型 El Niño 事件发展期（见图 4.1 - 9）相比，只有在西太平洋暖池和赤道印度洋区域是相反的变化趋势，在其他区域的变化基本相同。

　　接下来介绍东部型 La Niña 成熟期（见图 4.2 - 2）潜热通量的变化特征，从图中可以看到，在日本东南部的黑潮及其延伸体区域的潜热通量呈现出显著的负异常，最

大负异常超过 – 25 W/m²。而在南海及其台湾东部的黑潮区域则呈现显著的正异常，正异常超过 20 W/m²。西太平洋暖池区域也主要是正异常，只是在暖池的东南部出现了小范围的负异常。印度洋区域的潜热通量变化较小，在赤道印度洋和北印度洋基本都是在 0 W/m² 左右，南印度洋西部是弱的负异常，而中东部是正异常。

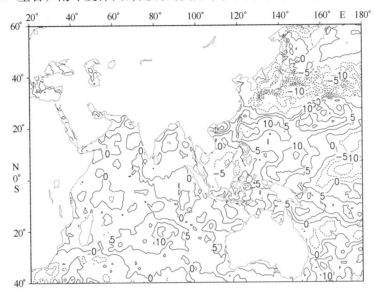

图 4.2 – 2　东部型 La Niña 事件成熟期潜热通量距平值分布（W/m²）

　　与正常年份的冬季（见图 4.1 – 4）平均潜热通量变化相比，显著差异出现在中国南海和台湾东部黑潮区域，正常年份该区域是显著的负异常，而在东部型 La Niña 则是显著的正异常，二者的最大差值超过 40 W/m²。此外是西太平洋暖池区域，特别是暖池西部由正常年份的负异常转变成东部型 La Niña 时的正异常，增加了约 30 W/m²。印度洋的差异比太平洋稍小一些，主要表现为，在北印度洋由正常年份的负异常增加到东部型 La Niña 时弱的正异常，变化幅度远小于西太平洋。

　　而与东部型 El Niño 成熟期的潜热通量（见图 4.1 – 3）比较可以看到，显著差异也是存在于南海和黑潮区域，东部型 El Niño 的成熟期，南海和黑潮区域呈现显著的负异常，而在东部型 La Niña 时则是明显的正异常，即呈现相反的变化趋势，并且二者的最大差值超过 50 W/m²。此外在中南印度洋区域的潜热通量在东部型 El Niño 和东部型 La Niña 时也呈现出相反的变化特征，即 El Niño 时是负异常而 La Niña 时是正异常，只是差值约为 20 W/m²，远小于西太平洋区域的差值。与中部型 El Niño 成熟期的潜热通量（见图 4.1 – 10）相比，显著差异出现在日本南部黑潮及其延伸体区域，呈显著的反位相变化特征。此外也是在中南印度洋区域出现了反位相变化特征，而其他区域的差异不大。

　　下面介绍感热通量在东部型 La Niña 过程中的变化，图 4.2 – 3 是发展期感热通量的变化图，可见感热通量的变化较潜热通量要小，特别是西太平洋区域，黑潮、暖池及南海几乎都没有变化。北印度洋和赤道印度洋的变化也比较小，只是在南印度洋的

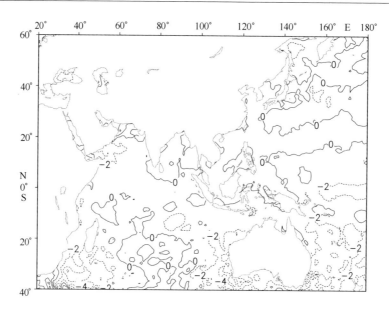

图 4.2 – 3　东部型 La Niña 事件发展期感热通量距平值分布（W/m²）

感热通量变化较明显，呈现为东西负异常而中间正异常的"triple"形态，最大负异常超过 – 6 W/m²，而正异常则小于 4 W/m²。

　　与正常年份夏季的感热通量（见图 4.1 – 6）变化相比，二者的显著差异出现在南印度洋区域，由正常年份时的东西正异常，中间负异常的"＋、－、＋"分布状态，变成东部型 La Niña 时的"－、＋、－"分布状态，正好呈相反的变化特征。而其他区域的差异较少。此外，与东部型 El Niño 发展期的感热通量（见图 4.1 – 5）变化相比较可知，在北印度洋阿拉伯海以及孟加拉湾西北部地区二者呈现相反的变化趋势，其他区域的变化特征基本相同。而与中部型 El Niño 发展期的感热通量（见图 4.1 – 11）变化相比，二者变化特征基本相同，没有明显的差异。

　　图 4.2 – 4 是东部型 La Niña 事件成熟期的感热通量变化情况，从图中可以看到，在日本南部的黑潮及其延伸体区域的感热通量呈现明显的负异常，最大异常值超过 – 16 W/m²，而在南海和台湾东部的黑潮区域，感热通量呈现显著的正异常，最大异常值超过 8 W/m²。另外，西太平洋暖池区域的感热通量主要是正异常，但异常值较小。而印度洋的整个区域的感热通量都呈现为较弱的正异常

　　与正常年份冬季的感热通量（见图 4.1 – 8）变化相比较可以知道，在日本南部黑潮及其延伸体区域的感热通量在东部型 La Niña 时和正常年份呈相反的变化趋势，正常年份是正异常，而在东部型 La Niña 时是负异常。此外，在南海及台湾东部黑潮区域感热通量也是反位相变化特征，只是在正常年份是负异常，而在东部型 La Niña 时是正异常，正负异常值的最大差值约为 16 W/m²。印度洋和其他海区的感热通量与正常年份的差异较小。

　　与东部型 El Niño 事件成熟期的感热通量（见图 4.1 – 7）变化相比，二者主要是呈反位相变化特征，特别是在南海和台湾东部海区，感热通量在东部型 El Niño 时是显著

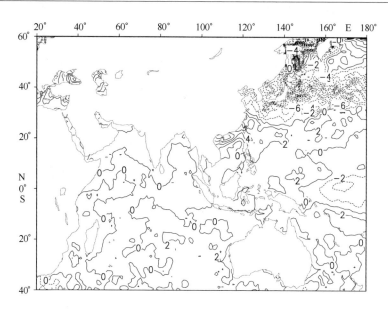

图 4.2－4　东部型　La Niña 事件成熟期感热通量距平值分布（W/m²）

的负异常，而在东部型 La Niña 时则是显著的正异常，正负异常差值超过了－15 W/m²。而与中部型 El Niño 成熟期的感热通量（见图 4.1－12）比较可知，显著差异是在日本南部的黑潮及其延伸体区域，二者呈相反的变化趋势，其他区域的变化差异较小。

4.2.2　中部型 La Niña 过程中海气热通量的变化

　　最后介绍中部型 La Niña 过程中感热和潜热通量的变化特征，先介绍潜热通量在发展期的变化（见图 4.2－5），黑潮区域的潜热通量在中部型 La Niña 的发展期是正异常，最大异常值约为 10 W/m²，而在南海区域的潜热通量则为南边是负异常，北边是正异常的南北反位相变化特征。西太平洋暖池的潜热通量也是南边正异常北边负异常的分布，只是异常值都比较弱。而在印度洋潜热通量的变化比太平洋显著，其中在北印度洋孟加拉湾和阿拉伯海都是显著的负异常，最大异常值超过－15 W/m²。赤道印度洋则呈现东正西负的变化特征。而南印度洋则主要是正异常，最大异常值超过 20 W/m²。

　　与正常年份夏季平均的潜热通量（见图 4.1－2）分布相比较可知，西太平洋的潜热通量变化不大，而印度洋的变化较显著，在北印度洋区域由正常年份的正异常变成中部型 La Niña 发展期的负异常，而赤道印度洋的潜热通量则由正常年份的负异常转变成中部型 La Niña 时的正异常；而南印度洋则主要是正异常显著增加。

　　此外，与中部型 El Niño 发展期的潜热通量（图 4.1－9）变化相比较，显著差异出现在西南印度洋区域，二者呈现明显的反位相变化，在中部型 El Niño 时是负异常，而在中部型 La Niña 时则是显著的正异常。另外，在赤道中印度洋以及印度尼西亚海区的潜热通量在中部型冷暖事件时也是呈现反位相变化特征。与东部型 El Niño 发展期的潜热通量（见图 4.1－1）相比较，除了在西南印度洋、赤道中印度洋以及印度尼西亚这

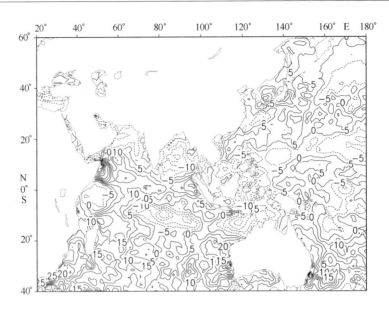

图 4.2 – 5 中部型 La Niña 事件发展期潜热通量距平值分布（W/m²）

几个区域的反位相变化特征之外，在黑潮区域也是呈现相反的变化趋势。而与东部型 La Niña 发展期的潜热通量（见图 4.2 – 1）相比可以知道，中部型 La Niña 时印度洋的潜热通量变化幅度大于东部型 La Niña 时的变化，并且在西南印度洋、东南印度洋以及赤道中东印度洋和孟加拉湾地区，在中部型和东部型冷事件时呈现相反的变化特征。

图 4.2 – 6 是潜热通量在中部型 La Niña 成熟期的变化特征，可见其在黑潮区域是显著的正异常，最大值超过 50 W/m²。而在西太平洋暖池区域主要是负异常，最大负异常超过 – 20 W/m²，在暖池的西边缘出现了小范围的正异常。在北印度洋的孟加拉湾和阿拉伯海区域是显著的正异常，孟加拉湾的正异常超过 40 W/m²，在赤道印度洋是较弱的负异常，而在南印度洋则是正异常为主，局部出现弱的负异常。

与正常年份（见图 4.1 – 4）相比，在中部型 La Niña 成熟期的潜热通量在黑潮以及北印度洋等北半球的沿岸海区都呈现显著的正异常，与正常年份的负异常形成鲜明的对比。此外，在暖池的北部，潜热通量的变化也与正常年份的变化相反，而其他区域的变化差别不大。

与中部型 El Niño（见图 4.1 – 10）成熟期潜热通量变化相比，在黑潮以及北印度洋区域二者的变化是相同，都是显著的正异常，只是在西太平洋暖池区域的潜热通量比中部型 El Niño 时负异常更加显著。另外，在中南印度洋区域二者呈现相反的变化特征。而与东部型 El Niño 成熟期的潜热通量（见图 4.1 – 3）相比，在黑潮、西太平洋暖池和孟加拉湾区域是显著的相反变化，最大正负差异出现在黑潮区域，量值超过了 80 W/m²。此外，在南印度洋也是相反的变化趋势，但差值稍小。另外，与东部型 La Niña 成熟期的潜热通量（见图 4.2 – 2）对比可以知道，显著的差异出现在日本以南的黑潮及其延伸体区域，以及西太平洋暖池区域，在这些地区都是较明显的相反的变化特征，特别是黑潮区域。而其他区域的差异较小。

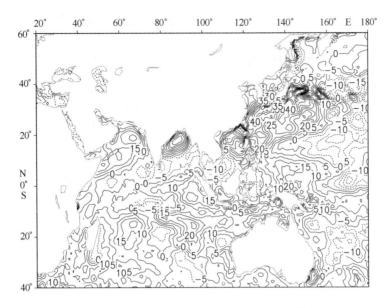

图 4.2－6　中部型 La Niña 事件成熟期潜热通量距平值分布（W/m²）

　　最后介绍中部型 La Niña 过程中感热通量的变化，图 4.2－7 是发展期感热通量的变化图，从图中可以看到，感热通量的变化量级较小，在黑潮区域距平值在 0 W/m² 附近，在南海是弱的负异常，在西太平洋暖池也是负异常。在印度洋区域，除了在中南印度洋是负异常外，其他区域基本是正异常，并且印度洋感热通量的异常值比太平洋区域的稍大一些。

　　与正常年份夏季的感热通量（见图 4.1－6）变化相比，在中部型 La Niña 发展期的感热通量变化幅度有所增加，西太平洋区域是负异常加强，由正常年份的 0 W/m² 左右，增强到 －2 W/m² 左右。中南印度洋区域的负异常也有所加强，最大负异常由正常年份的 －2 W/m² 增强到中部型 La Niña 时的 －4 W/m²。另外，在东南印度洋感热通量由正常年份的负异常转变成中部型 La Niña 时的正异常。

　　与中部型 El Niño 发展期的感热通量（见图 4.1－11）变化相比可知，在西太平洋和印度洋的大部分区域，二者都呈现相反的变化特征，在中印度洋和西南印度洋区域尤为明显。另外在变化强度方面，西太平洋区域是在中部型 La Niña 时较强，而印度洋是在中部型 El Niño 时的变化幅度较大。而与东部型 El Niño 发展期的感热通量（见图 4.1－5）相比可知，二者在西太平洋区域的变化基本一致，在印度洋的变化相差较大，其中在西南印度洋是相反的变化特征，在中东印度洋也呈现相反的变化，而在印度洋的其他区域差别较小。最后与东部型 La Niña 发展期感热通量（见图 4.2－3）的变化对比可知，感热通量在这两个时期也主要呈现相反的变化特征，只是在孟加拉湾海区的变化一致，都是较弱的正异常。

　　图 4.2－8 是感热通量在中部型 La Niña 成熟期的变化图，可以看到该时期西太平洋的感热通量变化明显大于印度洋区域的变化，特别是黑潮区域呈现显著的正异常，最大异常值超过 30 W/m²，受此影响，南海区域也是正异常。西太平洋暖池区域呈现

东部是负异常而西部是正异常的"dipole"分布形态，其最大正负异常值绝对值都超过了 4 W/m²。印度洋的感热通量变化较小，基本维持在 0 W/m² 左右。

与正常年份冬季平均的感热通量（见图 4.1-8）变化相比较可知，在印度洋区域的差异较小，而在太平洋区域有显著差异，特别是在黑潮区域，是显著的反位相变化特征，正常年份的感热通量是显著的负异常，而在中部型 La Niña 成熟期则是显著的正异常。此外，在西太平洋暖池区域也呈现相反的变化特征，正常年份的暖池区域感热通量是东正西负的分布特征，中部型 La Niña 时正好相反。

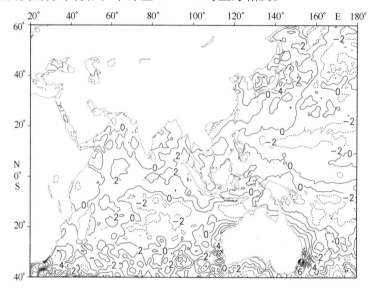

图 4.2-7　中部型 La Niña 事件发展期感热通量距平值分布（W/m²）

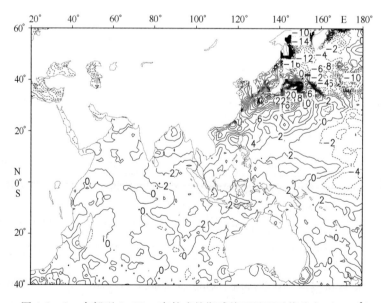

图 4.2-8　中部型 La Niña 事件成熟期感热通量距平值分布（W/m²）

　　与中部型 El Niño 成熟期感热通量（见图 4.1 - 12）变化相比可知，二者的变化基本相同，只是在暖池区域的变化稍有不同，在中部型 El Niño 时暖池西部是较弱的负异常，而在中部型 La Niña 时则是正异常，变化符号正好相反。与东部型 El Niño 成熟期的感热通量（见图 4.1 - 7）相比，二者基本呈现相反的变化趋势，特别是在黑潮区域，东部型 El Niño 时是显著的负异常，而中部型 La Niña 时则是显著的正异常，与之对应的南海和暖池区域也都是明显的相反的变化特征。虽然印度洋的感热通量变化幅度较小，但也能清楚的看出其在东部型 El Niño 和中部型 La Niña 时相反的变化特征。最后与东部型 La Niña 成熟期的感热通量（见图 4.2 - 4）变化相比，只是在黑潮区域的变化相反，而其他区域的变化基本相同，无明显差异，特别是印度洋。

4.3　不同类型 ENSO 事件过程中各海区平均的热通量变化

　　本节将讨论太平洋和印度洋的各关键海区平均的热通量在不同类型 ENSO 期间的变化情况，主要讨论黑潮区域、南海区域、西太平洋暖池、北印度洋、赤道印度洋

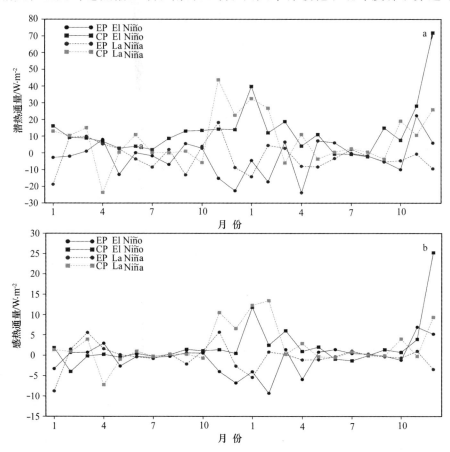

图 4.3 - 1　黑潮区域潜热（a）和感热（b）通量在 ENSO 期间的变化图

（时间是：ENSO 事件前一年和当年共 24 个月）

和南印度洋这几个海区（各海区的具体范围见图 2.2-1）。时间范围包括 ENSO 事件成熟期前后各 1 年，共 24 个月，对东部型冷、暖事件和中部型冷、暖事件都进行讨论。

图 4.3-1 是黑潮区域海气热通量在 ENSO 过程中的变化图，从图中可以看到，黑潮区域的热通量变化幅度较大，潜热通量的变化在 -30~70 W/m² 之间，而感热通量在 -10~-25 W/m² 之间。不同类型的 ENSO 过程中，黑潮区域不管是潜热还是感热通量变化的最大差异都出现在 ENSO 事件的成熟期，主要表现为在东部型事件时（包括 El Niño 和 La Niña）是负异常，并且在东部型 El Niño 时负异常较大。而在中部型事件时（包括 El Niño 和 La Niña）则是正异常，并且在中部型 La Niña 时正异常较大。这说明，在东部型冷暖事件时，黑潮区域的热通量是减小的，即海洋向大气释放的热量减少，而在中部型冷暖事件时，黑潮区域的热通量是增加的，即海洋向大气释放更多的热量。在其他时间段，不同类型事件间的差异不是很明显，特别是感热通量的差异更小。

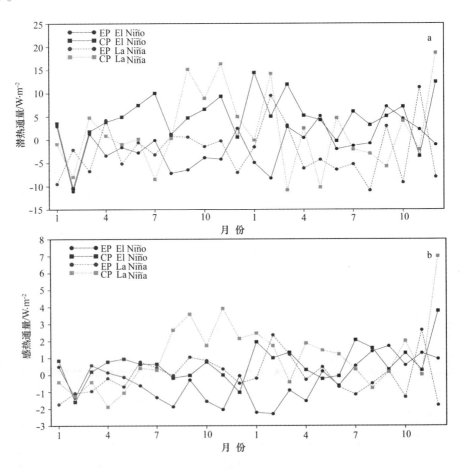

图 4.3-2　南海区域潜热（a）和感热（b）通量在 ENSO 期间的变化图

　　图 4.3-2 是南海区域的热通量变化图，从图中可以看到，该区域热通量在
ENSO 期间的变化幅度较小，潜热通量在 -15 ~20 W/m² 之间，而感热通量仅维
持在 -3 ~7 W/m² 之间。在不同 ENSO 事件时差异较大且变化不规律，在前一年 8
月到 12 月，潜热和感热通量都是中部型 La Niña 时最大，而东部型 El Niño 时
最小。

　　暖池区域的热通量（图 4.3-3）在 ENSO 期间的变化幅度也较小，潜热通量维持
在 -10 W/m² ~15 W/m² 之间，而感热通量则只在 -3 ~2 W/m² 之间，可见其变化很
小。潜热通量在前一年 10 月到当年 1 月表现为两类 La Niña 事件时是正异常，而两类
El Niño 时却是负异常，这与 ENSO 事件时暖池区域的海温变化是一致的。感热通量则
表现为在 ENSO 事件前一年及成熟期都是冷、暖事件反位相变化特征。

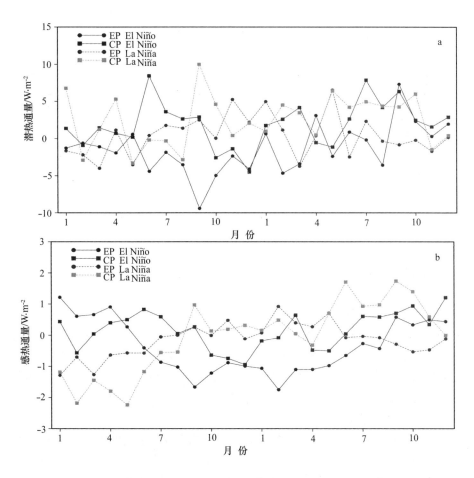

图 4.3-3　西太平洋暖池区域潜热（a）和感热（b）通量在 ENSO 期间的变化图

　　图 4.3-4 是北印度洋的热通量变化图，可见其变化幅度也不大，潜热通量是在
±10 W/m² 之间，而感热通量则在 ±2 W/m² 之间，并且该区域的热通量在不同 EN-
SO 事件的变化几乎无规律可循，这可能与该区域的选择有关。

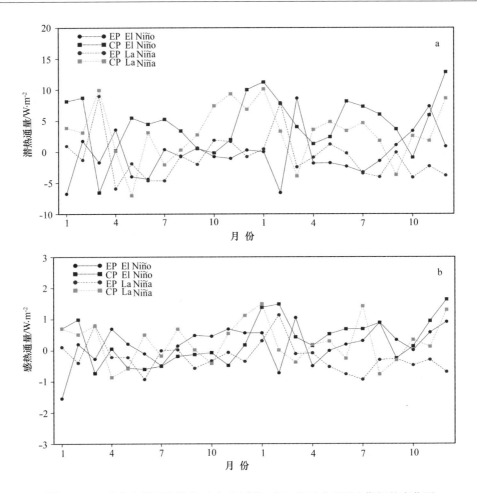

图 4.3 - 4　北印度洋区域潜热（a）和感热（b）通量在 ENSO 期间的变化图

　　赤道印度洋区域的感热通量（见图 4.3 - 5）在不同类型 ENSO 期间的变化幅度在 - 2 ~ 3 W/m² 之间，变化幅度较小，但其变化很规律，表现为在中部型冷、暖事件时基本是正异常，而在东部型冷、暖事件时基本是负异常。该区域潜热通量的变化基本维持在 - 10 ~ 20 W/m² 之间，并且在 ENSO 的发展期（前一年的 5 - 8 月）也表现为中部型冷、暖事件是正异常，而东部型冷、暖事件是负异常的变化特征，但其他时间段无此特征。

　　南印度洋的热通量（见图 4.3 - 6）在 ENSO 期间的变化幅度也很小，潜热通量在 ± 15 W/m² 之间，而感热通量仅在 ± 3 W/m² 之间。从图中还可以看到在不同类型 EN-SO 事件过程中，热通量变化差异较大，没有较显著的变化规律。

　　总之，在不同类型 ENSO 事件过程中，黑潮区域的潜热和感热通量变化较大，其他区域变化较小，并且在黑潮、西太平洋暖池以及赤道印度洋的变化比较规则，其他区域变化差异较大。

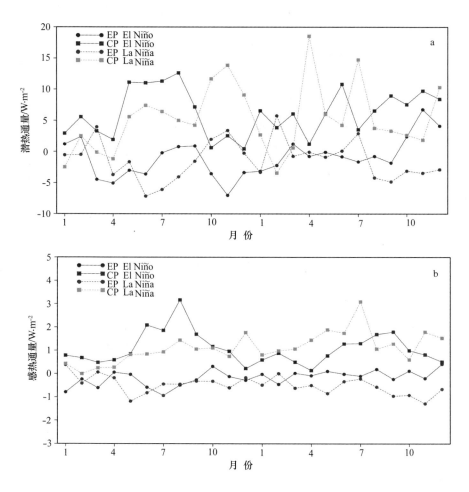

图 4.3 - 5　赤道印度洋区域潜热（a）和感热（b）通量在 ENSO 期间的变化图

4.4　结　论

4.4.1　潜热通量在不同 ENSO 过程中的变化

前面的研究表明，在太平洋和印度洋区域的潜热通量在不同 ENSO 过程中的变化存在明显的差异，在 ENSO 事件的发展期（即前一年的夏季），潜热通量在东部型 El Niño 和中部型 El Niño 时基本呈现相反的变化，在黑潮、南海、暖池西北部以及孟加拉湾和中南印度洋都是相反的变化特征，并且都是在东部型 El Niño 发展期是负异常，而中部型 El Niño 是正异常。此外，在西南印度洋区域潜热通量在两类 El Niño 发展期是相同的变化特征，都是显著的负异常，最大异常值都超过了 - 15 W/m²。在两类 La Niña 事件的发展期，潜热通量的变化也存在明显差异，例如在西太平洋暖池区域，东部型 La Niña 发展期的潜热通量是正异常，而在中部型 La Niña 时却有显著的负异常出现。在孟

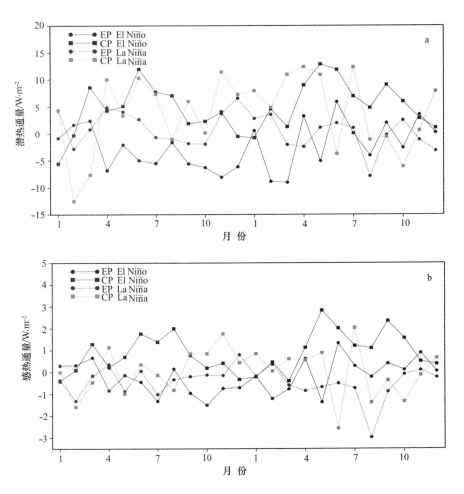

图4.3-6　南印度洋区域潜热（a）和感热（b）通量在ENSO期间的变化图

加拉湾、赤道印度洋和西南印度洋区域的潜热通量在两类 La Niña 事件的发展期却呈现相反的变化特征。另外，在 ENSO 事件的发展期，潜热通量在印度洋的变化幅度都比在西太平洋的变化幅度大。

在 ENSO 事件的成熟期（即当年的冬季），潜热通量在东部型 El Niño 和中部型 El Niño 时部分区域是呈现相反的变化特征，例如，在黑潮区域、孟加拉湾区域以及东印度洋区域都是相反的变化，并且是在东部型 El Niño 时是负异常，而中部型 El Niño 时是正异常。而在阿拉伯海和中南印度洋的变化是相同的，即在阿拉伯海都是正异常，中南印度洋都是负异常。潜热通量在两类 La Niña 事件成熟期的变化差异也较明显，首先是在黑潮区域，在日本南部的黑潮及其延伸体区域的潜热通量在两类 La Niña 的成熟期是相反的变化特征，东部型 La Niña 时是负异常，而中部型时是正异常；而在台湾东部的黑潮区域潜热通量在两类 La Niña 成熟期变化是相同的，都是显著的正异常。西太平洋暖池和南海区域的潜热通量在两类 La Niña 成熟期的变化都是相同的。其他区域的潜热通量变化也都基本相同，差异较小。在 ENSO 事件的成熟期，潜热通量在西太平洋的变化幅度明显大于印度洋的变化幅度，正好与发展期的特征相反，这一现象与潜热通量的季节变化特征有关。

4.4.2　感热通量在不同 ENSO 过程中的变化

感热通量在不同 ENSO 过程中的变化较潜热通量小很多，但在不同事件时也存在明显的差异。在 ENSO 事件的发展期，感热通量在两类 El Niño 事件时在印度洋的变化基本相同，而在西太平洋的变化基本相反，在东部型 El Niño 时，西太平洋的感热通量基本是弱的负异常，而在中部型 El Niño 时则是较弱的正异常。在赤道印度洋两类 El Niño 的发展期都是弱的正异常，而在南印度洋则都是西负东正的分布状态。感热通量在两类 La Niña 发展期的变化也有所不同，显著的差异主要出现在印度洋，其中西南印度洋和东南印度洋的感热通量在两类 La Niña 发展期呈现明显相反的变化特征，都是在东部型 La Niña 时是负异常，而在中部型 La Niña 时是正异常。此外，中印度洋的感热通量在两类 La Niña 发展期也是相反的变化特征。而西太平洋的感热通量在两类 La Niña 时的差异较小。

在 ENSO 事件的成熟期，感热通量在西太平洋的变化幅度明显增加，而在印度洋的变化则较小。黑潮区域的感热通量在东部型 El Niño 和 La Niña 时都是负异常，而在中部型 El Niño 和 La Niña 时则都是正异常。南海区域的感热通量在两类 El Niño 时是负异常，而在两类 La Niña 时是正异常。西太平洋暖池区域的感热通量也是在两类 El Niño 时变化相同，基本是东正西负的分布特征，而在两类 La Niña 时的变化相同，呈现东负西正的特征，正好与 El Niño 时的变化特征相反。ENSO 成熟期感热通量在印度洋的变化都比较小，在东部型 El Niño 时基本是弱的负异常，而在东部型 La Niña 时主要是弱的正异常。在中部型的冷暖事件成熟期，感热通量在印度洋的变化基本在 0 附近变动，变化幅度较小。

参 考 文 献

程华．2008．冷暖 ENSO 年西太平洋海气热通量交换的低频振荡//中国气象学会 2008 年年会气候预测研究与预测方法分会场论文集：5 - 15.

孙虎林，黎伟标．2008．ENSO 冷暖事件期间海气潜热通量特征分析．热带海洋学报，27（4）：59 - 65.

徐桂玉，苏炳凯，1993，厄尔尼诺和反厄尔尼诺年太平洋海 - 气热量输送特征．南京大学学报，29（4）：724 - 729.

Ashok K, Behera S K, Rao S A, et al. 2007. El Niño Modoki and its possible teleconnection. J Geophys Res, 112: C11007.

Fu C B, Diaz H, Fan H J. 1992. Variability in latent heat flux over the tropical Pacific in association with recent two ENSO events. Advances in Atmospheric Sciences, 9 (3): 351 - 358.

Kao H Y, Yu J Y. 2009. Contrasting Eastern-Pacific and Central-Pacific types of ENSO. J Clim, 22: 615 - 632.

Kug J, Jin F, An S. 2009. Two types of El Niño events: cold tongue El Niño and warm pool El Niño. J Clim, 22 (66): 1499 - 1515.

Larkin N K, Harrison D E. 2005. On the definition of El Niño and associated seasonal average US weather anomalies. Geophys Res Lett, 32: L13705.

Long B S. 1989. The latent and sensible heat fluxes over the western tropical Pacific and its relationship to ENSO. Advances in Atmospheric Sciences, 6 (4): 467 –474.

第5章 海气热通量变化与中国大陆气候的关系

5.1 海气热通量变化与中国大陆汛期降水的关系

自20世纪初以来，针对我国的旱涝问题的研究就已开始（竺可桢，1934；陈汉耀，1957；陶诗言和徐淑清，1962；赵汉光和张先恭，1994），除了采用自身年际和年代际变化周期的分析外，大多应用东亚夏季风爆发早晚、强弱，以及海洋表层海温场的变化与其进行分析研究，对其预测奠定了良好基础。但采用热通量对其研究的成果颇少，本节将采用不同海区潜热通量与中国大陆几个典型汛期降水区域（长江中下游、华南以及华北地区等）进行统计分析，试图为其深入研究和预测提供一定的参考。

图 5.1-1~5.1-5 是采用 1951—2012 年共 62 年多年平均中国大陆月平均降水空间分布图。为研究起见，只给出 5—9 月多年平均降水空间分布图。由图可知，5月份，主降水区域位于华南，月平均降水量超过 200 mm，阳江最大月平均降水量可达 405 mm。6月份，主降水区域除了华南仍维持较大降水量外，最大降水区域已北移到长江中下游。7月份，降水区域除了华南沿海一带仍存在相对偏多降水外，主降水区域已北移到黄淮流域和东北地区，最大降水量超过 250 mm。另外，在四川盆地也出现了极大值区域，降水量超过 350 mm。8月份，除了中国西部和内蒙降水偏少外，中国大部区域仍维持超过 100 mm 的降水量。四川盆地仍存在一降水极大值区域，位于雅安最大月平均降水量高达 448 mm。9月份，中国大部的降水量不大于 100 mm，位于四川、云南区域和华南、华东沿海一带存在不小于 150 mm 的降水。

5.1.1 华南汛期降水与南海区域海气热通量的关系

华南是我国最早出现汛期降水的地区，汛期始于每年的 3 月份，5 月受南海夏季风爆发的影响，该月的降水量为最大。为了探讨其变化与海气热通量之间的联系，我们分析了 1951—2012 年 5 月份华南地区（取广州、汕头、南宁、阳江、桂林、梧州、厦门 7 个代表站）的异常降水变化特征（见图 5.1-6）。由图可以看出，华南地区 5 月降水异常存在明显的年际变化特征。

由小波分析可知（见图 5.1-7），华南地区 5 月降水主要周期出现在准 2 年和 16年频段上。前者在 20 世纪 50 年代前后和 70 年代前后较为显著，后者在 20 世纪 80 年代以前非常显著，之后明显减弱。另外，还存在 4~5 年周期，出现在 20 世纪 90 年代。由此可知，华南地区降水除了存在较为明显的 16 年周期的年代际变化外，年际变化似乎没有一个显著的稳定周期，对于预测存在一定的难度。

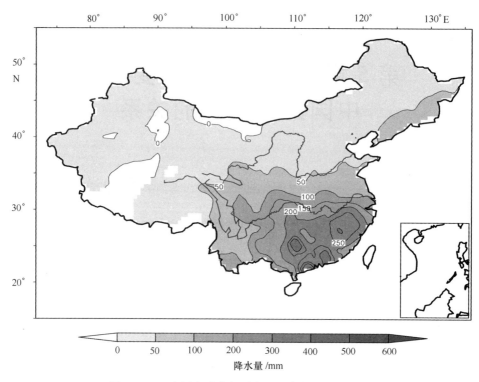

图 5.1-1　中国大陆多年平均 5 月降水分布（mm）

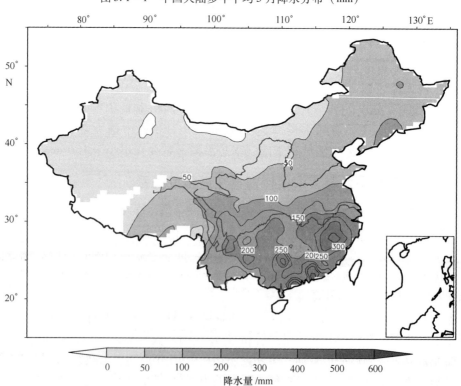

图 5.1-2　中国大陆多年平均 6 月降水分布（mm）

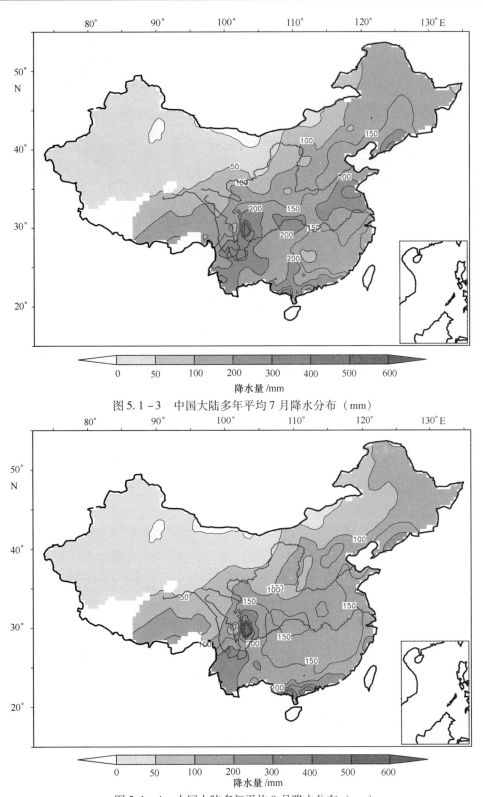

图 5.1 - 3　中国大陆多年平均 7 月降水分布（mm）

图 5.1 - 4　中国大陆多年平均 8 月降水分布（mm）

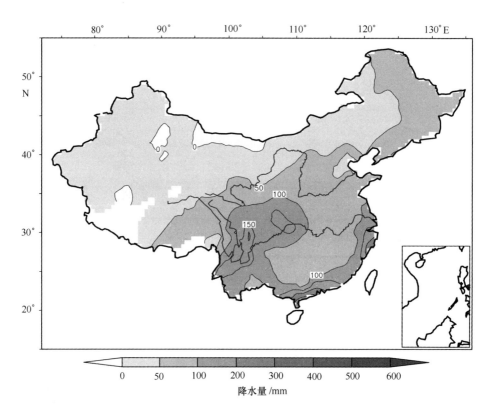

图 5.1－5　中国大陆多年平均 9 月降水分布（mm）

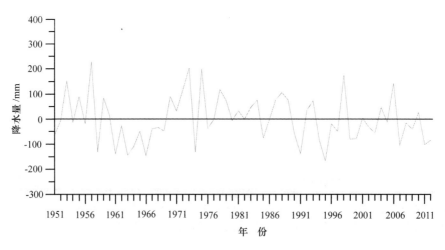

图 5.1－6　华南地区（广州、汕头、南宁、阳江、桂林、梧州、厦门）
5 月降水异常多年变化

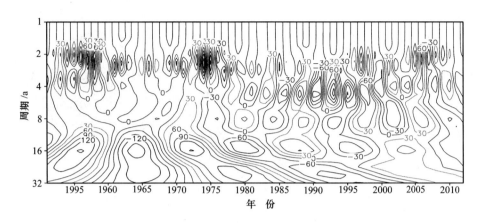

图 5.1 - 7　华南地区 5 月降水小波分析

　　由功率谱分析可知（图 5.1 - 8），准 2 年周期较为显著，但未有通过 95% 的信度检验，16 年周期通过了 95% 的信度检验，这可以说明，华南地区 5 月降水存在显著的年代际变化。图 5.1 - 9 是南海区域潜热通量与中国大陆 5 月降水同期相关场，由图可以看出，它们之间的最佳相关区域出现在华南沿海一带，最大相关系数超过 0.6，超过 99.0% 的相关信度。这一显著相关区域恰好正是华南前汛期的多雨区域。这一相关关系说明，南海区域潜热通量与华南前汛期降水存在密切关系，当南海区域潜热通量出现较常年偏多（少）时，华南 5 月降水量将会出现较常年偏多（少）。

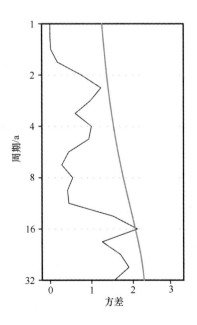

图 5.1 - 8　华南地区 5 月降水功率谱

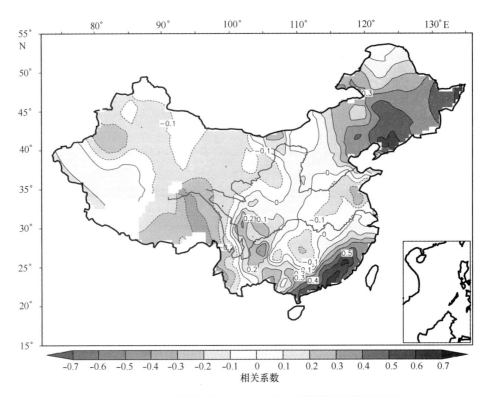

图 5.1 – 9　南海潜热通量与中国大陆 5 月份降水同期相关场

　　为了更加直观地了解南海区域潜热通量与华南地区汛期降水之间的关系，图 5.1 – 10 给出了 1988—2012 年它们二者变化的对应曲线。由图可以看出，它们二者基本呈同位相的变化。

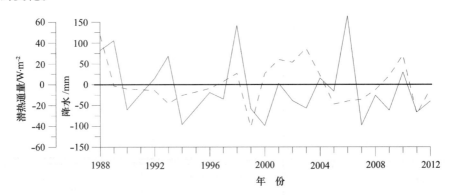

图 5.1 – 10　华南地区 5 月降水（实线）与南海潜热通量（虚线）同期变化曲线

　　图 5.1 – 11 是南海区域潜热通量超前 3 年 4 月份与中国大陆 5 月降水的相关场。由图可知，最佳相关区域呈一个带状分布由华南延伸到四川盆地，最大相关系数为 0.6 以上。当南海区域潜热通量出现较常年偏多（少）时，时滞 3 年以后，华南区域 5 月降水量将会出现较常年偏多（少）。这一相关关系对于华南前汛期降水的预测具有较明

显的实用价值，可以用来进行华南的降水预测。

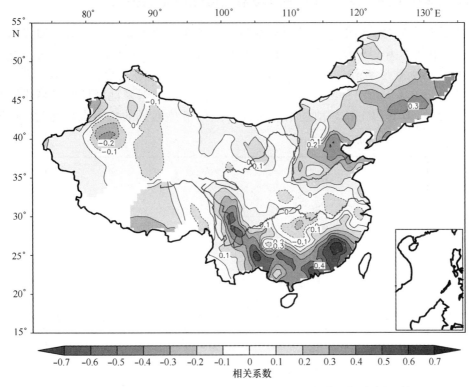

图 5.1－11　南海潜热通量（超前 3 年 4 月份）与华南汛期降水相关场

　　图 5.1－12 是超前 3 年 4 月份南海区域潜热通量与华南 5 月汛期降水变化的曲线图。由图可以看出，它们二者呈相同变化趋势，这一关系对于华南地区汛期降水的预测具有实用意义。

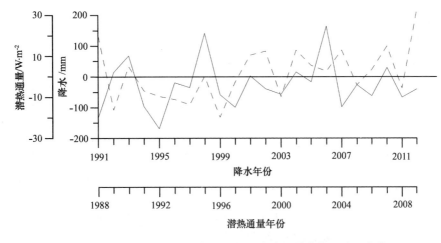

图 5.1－12　前期（超前 3 年 4 月份）南海区域潜热通量（虚线）
与华南 5 月降水（实线）变化

5.1.2 华南汛期降水与西太平洋暖池区域热通量的关系

为了更清楚地了解华南前汛期降水与西太平洋暖池区域热通量之间的关系，图 5.1 – 13 和图 5.1 – 14 分别给出了前期冬季（12 月，1 月）西太平洋暖池区域潜热通量和感热通量与华南（广州、汕头、南宁、阳江、桂林、梧州、河源、厦门）5 月降水量相关场。由图看出，华南 5 月降水量与前期 12 月暖池区域的潜热通量的相关系数超过 – 0.6 以上；与前期 1 月暖池区域的潜热通量的相关系数超过 – 0.7 以

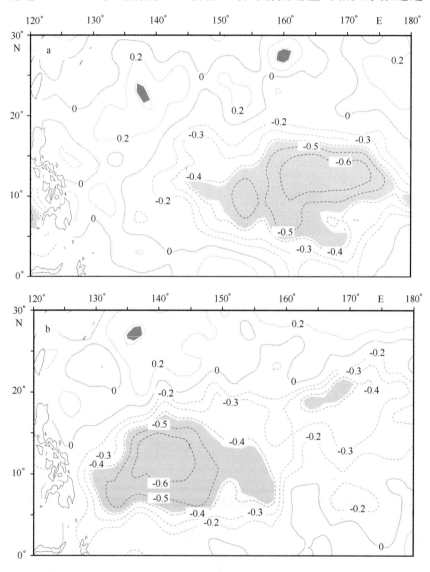

图 5.1 – 13　西太平洋暖池区域潜热通量与华南汛期
降水相关场（阴影为相关信度大于等于 95%）
a. 超前华南汛期降水 2 年 12 月份；b. 超前华南汛期降水 1 年 1 月份

上。另外，最佳相关区域由 12 月的偏东位置（160°～175°E），1 月移向菲律宾以东（135°～150°E），大约西移了 25°。感热通量也有潜热通量类似的特性，只是相关相比偏弱一些，最佳相关区域由 12 月的偏东位置（170°E），1 月向西移动到 140°～150°E，大约西移了 25°左右。相关系数由 12 月的 -0.6，到 1 月的 -0.7，均达到 99.9%的信度检验。这一关系表明，即当前期冬季暖池区域海气热通量出现较常年偏多（少）时，次年华南区域 5 月份将会出现较常年偏少（多）降水。这种关系的揭示，有利于今后华南前汛期降水的预测研究。

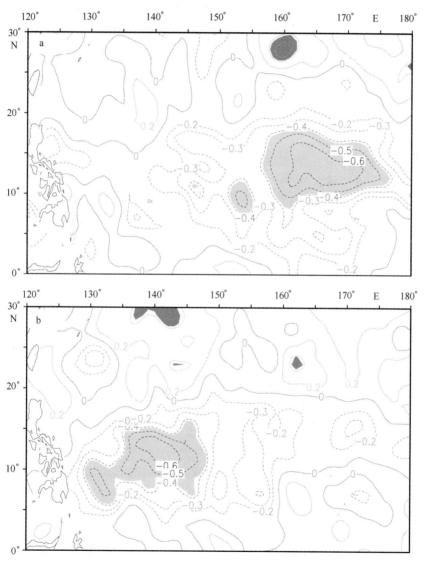

图 5.1-14　西太平洋暖池区域感热通量与华南汛期
降水相关场（阴影部分为相关信度大于 95%）
a. 超前华南汛期降水 2 年 12 月份；b. 超前华南汛期降水 1 年 1 月份

5.1.3　结论

华南前汛期降水（5月）存在显著的16年周期变化，虽然在年际变化中也存在2~3年的周期，但由于其发生强弱变化，所以总体来看，未有通过信度检验。华南汛期降水除了与东亚夏季风爆发早晚、副高活动等因素有关外，与南海、西太平洋暖池区域海气热通量变化存在密切关系。当前期冬季（12月，1—2月）南海区域潜热通量出现较常年偏多（少）时，华南5月汛期降水将会出现偏多（少）的趋势。这一关系表明，华南汛期降水与前冬南海区域海气热通量存在密切联系，而由研究结果表明，影响华南前汛期的直接原因与南海夏季风爆发早晚存在显著相关（陈红和赵思雄，2004；吕梅等，1998；孙颖和丁一汇，2002；陶诗言，1995；吴尚森，1996；李玉兰等，1995）。因此，可以认为，南海夏季风爆发早晚与前冬南海区域潜热通量变化应该存在密不可分的联系。

5.1.4　长江中下游汛期降水与南海区域海气热通量的关系

为了客观分析长江中下游汛期降水变化特征以及与海气热通量之间的联系，取上海、南京、安庆、汉口和宜昌5个观测站的6月平均降水量代表长江中下游汛期降水。图5.1－15是长江中下游6月汛期降水的多年变化曲线。由图可以看出，自1951年以来，长江中下游汛期降水具有明显的年际变化特征。尤其是在20世纪50年代初期（1953—1956年）连续4年出现偏涝。另外，1999年出现自有记录以来的最强降水，其异常降水量为284 mm，是多年平均值的2.5倍。

图5.1－16是中国大陆6月降水与南海区域潜热通量（超前1年3月份）的相关场。由图可以看出，从长江至黄河流域均存在负的相关，而南海区域潜热通量与长江中下游6月汛期降水的负相关最为显著，最大相关大于0.6，已超过99.0%信度。这种关系表明，当南海区域潜热通量出现较常年偏多（少）时，时滞1.5年后，长江中下游的汛期将会出现减少（增多）的趋势。

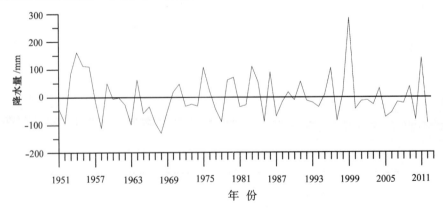

图5.1－15　长江中下游6月降水异常变化曲线

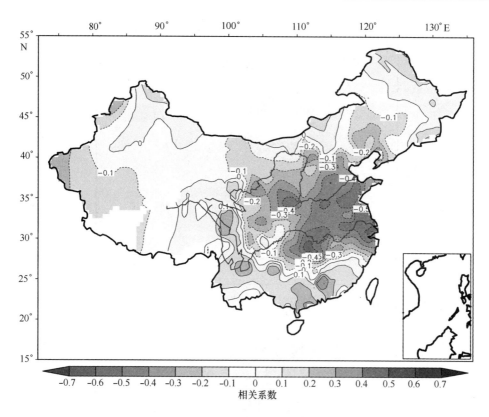

图 5.1 – 16　中国大陆 6 月降水与南海区域潜热通量
（超前 1 年 3 月份）的相关场

5.1.5　长江中下游汛期降水与热带西印度洋海气热通量的关系

图 5.1 – 17 是热带西印度洋潜热通量（超前 1 年冬季）与长江中下游 6 月降水的相关场，由图可知，长江中下游的 6 月汛期降水与热带印度洋潜热通量的相关显著，最大相关系数不小于 0.7，已超过 99.9% 的相关信度。尤其可以说明的是，热带西印平洋潜热通量连续 3 个月与长江中下游汛期降水存在显著的相关关系。这种关系说明，热带西印度洋潜热通量与长江中下游汛期降水存在较为稳定的相关关系，当潜热通量出现较常年偏多（少）时，时滞 1 年之后，长江中下游汛期降水将会出现偏多（少）的可能性。

图 5.1 – 18 是热带西印度洋感热通量（超前 1 年冬季）与长江中下游 6 月降水的相关场，可以看出，与潜热通量相似，可以持续 3 个月保持较好的相关性。

为了更加了解热带西印度洋热通量与长江中下游汛期降水之间的关系，选取了 10°S ~ 10°N，40° ~ 70°E 区域的平均潜热通量与中国大陆 160 个标准测站的 6 月降水量进行相关分析（见图 5.1 – 19）。由图可以看出，长江中下游 6 月汛期降水与超前 1 年冬季（12 月，1 和 2 月）存在密切关系。

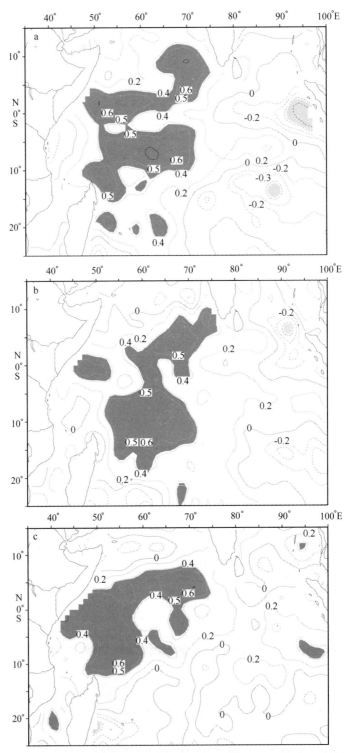

图 5.1 - 17　热带西印度洋潜热通量与长江中下游汛期降水的相关场

（阴影部分为相关信度大于等于 95%）

a. 超前 2 年 12 月份；b. 超前 1 年 1 月份；c. 超前 1 年 2 月份

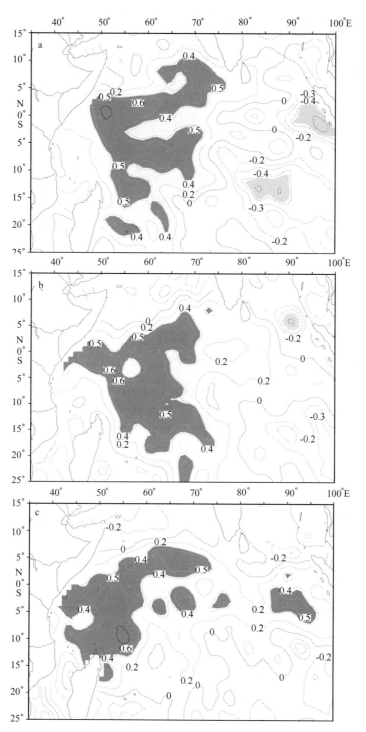

图 5.1 - 18　热带西印度洋感热通量与长江中下游汛期
降水的相关场（阴影部分为相关信度大于等于 95%）

a. 感热通量超前 2 年 12 月份；b. 超前 1 年 1 月份；c. 超前 1 年 2 月份

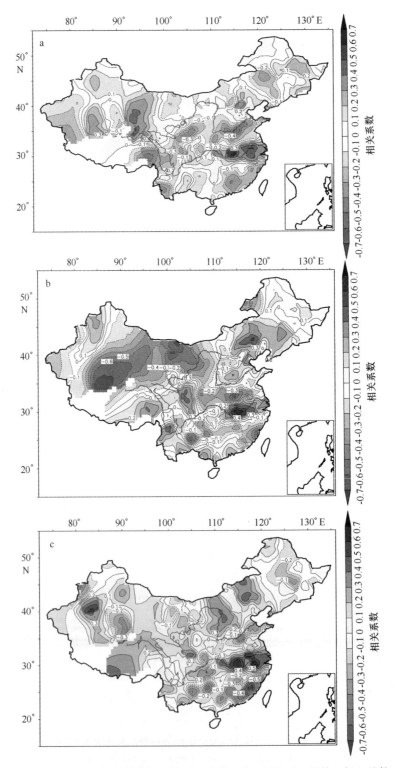

图 5.1 – 19　热带西印度洋潜热通量（a. 超前 2 年 12 月；b. 超前 1 年 1 月份；
c. 超前 1 年 2 月份）与中国大陆 6 月降水相关场

由图 5.1 - 19 还可以看出，超前 1 年的 2 月份热带西印度洋潜热通量与中国大陆西部的青海、甘肃 6 月份的降水存在较好关系。

5.1.6　结论

长江中下游汛期降水异常与南海区域、印度洋海气热通量均存在密切关系。南海区域潜热通量（超前 1 年 3 月份）与长江中下游 6 月汛期降水存在负的相关关系。当南海潜热通量出现异常偏多（少）时，长江中下游 6 月汛期降水会出现异常偏少（多）的趋势。

赤道西印度洋区域潜热通量（超前 1 年冬季）与长江中下游汛期降水存在较显著的相关性，它们之间存在正的相关关系。也就是说，当赤道西印度洋出现异常偏多（少）热通量时，长江中下游汛期降水将会出现异常偏多（少）。

5.1.7　中国西部降水与赤道印度洋海气热通量的关系

对自 1951—2012 年逐月降水量进行统计分析得出，多年平均最大降水量是位于长江以南地区，年总降水量超过 1 500 mm 的地区出现在华南的广东、浙江和江西。而中国西部是中国降水最少的区域。由图 5.1 - 20 可以看出，中国西部地区年总降水量小于 200 mm，而西藏、青海、甘肃和内蒙古地区小于 100 mm。这些地区属干旱或半干旱地区，是常年缺水的地区。

由资料分析表明，中国西部地区的年最大降水量出现在 5—9 月份。图 5.1 - 21 是阿勒奏泰、吐鲁番、乌鲁木齐、酒泉和拉萨 5 个测站的多年平均降水量。由图可以看出，在一年中最大降水量出现在 7 月份，8 月次之，降水量分别是 41 mm 和 39 mm。针对中国西部 7 月是最大降水量与亚印太海区海气热通量进行相关分析，发现中国西部降水量与印度洋海气热通量变化存在一定的相关关系。图 5.1 - 22 是 3 月赤道印度洋潜热通量与 7 月中国降水的相关图。由图可以看出，它们二者之间的最佳相关区域出现在新疆北部，最大相关系数超过 0.6。这种关系表明，赤道印度洋 3 月潜热通量出现异常偏多（少）时，同年 7 月新疆北部地区将会出现偏多（少）的降水。图 5.1 - 23 是超前 1 年 8 月份赤道印度洋潜热通量与 7 月中国降水相关场，可以清楚地看出，最大相关区域出现在中国西部的南疆（西藏北部，新疆南部和青海地区），且为负的相关，最大相关系数为 - 0.7 以上。图 5.1 - 24 是赤道印度洋潜热通量超前 2 年 8 月份与中国 7 月降水相关场。由图可以看出，赤道印度洋潜热通量超前 2 年 8 月与中国降水的最佳相关出现在我国的北部的内蒙古地区，最大相关系数超过 0.7，已远远超过 99.9% 信度检验。图 5.1 - 25 ~ 5.1 - 27 分别是超前 3 年 8—10 月赤道印度洋潜热通量与 7 月中国降水相关场。由图可以看出，超前 3 年 8 月赤道印度洋潜热通量与中国西部和北部部分地区的 7 月降水存在密切关系，最佳相关区域出现在内蒙古和青海一带，最大相关系数超过 0.7。超前 3 年 9 月份的相关场明显减小，最佳相关区域出现在青海，相关系数超过 0.6。而超前 3 年 10 月份的赤道印度洋潜热通量与中国内蒙古地区的 7 月降水存在显著的相关关系，最大相关系数高达 0.9 以上。这一分析结果说明，赤道印度洋潜热通量在不同年份的变化与中国西部地区降水的影响也不完全相同。尤其是这种关系的揭示，对中国西部地区的降水预测具有较好的应用价值。

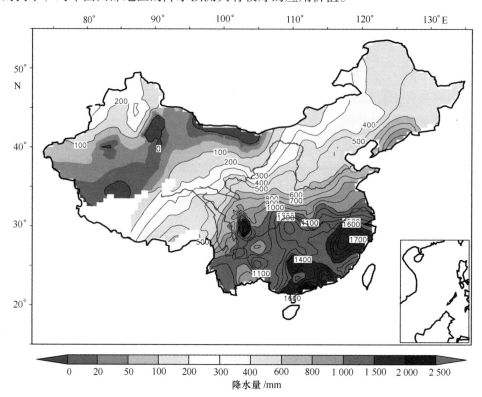

图 5.1 - 20 中国多年平均降水量空间分布（mm）

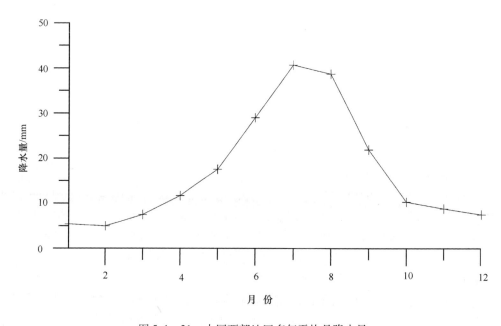

图 5.1 - 21 中国西部地区多年平均月降水量

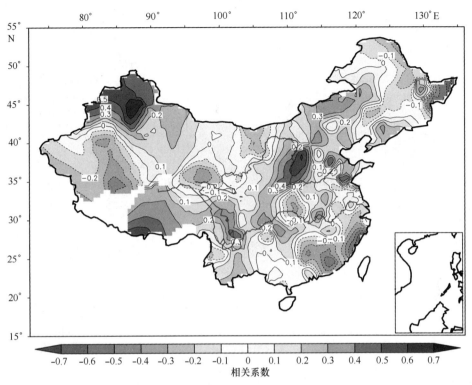

图 5.1 - 22　3 月赤道印度洋潜热通量与中国 7 月降水相关场

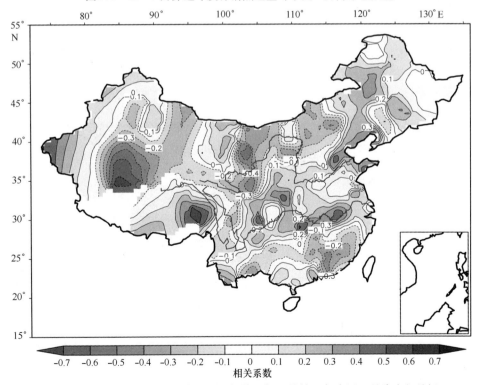

图 5.1 - 23　赤道印度洋潜热通量（超前 1 年 8 月份）与中国 7 月降水相关场

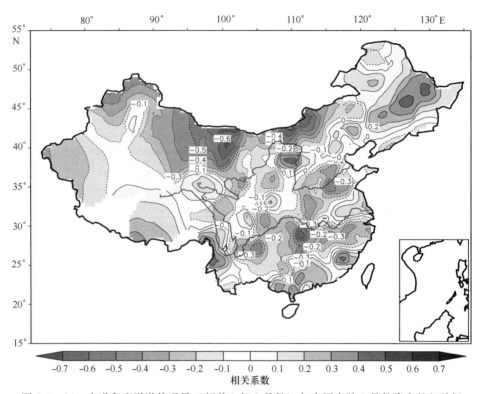

图 5.1 - 24 赤道印度洋潜热通量（超前 2 年 8 月份）与中国大陆 7 月份降水的相关场

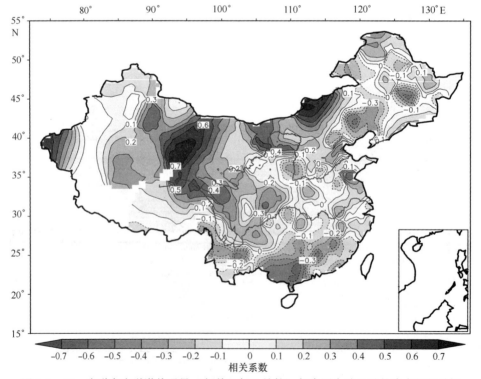

图 5.1 - 25 赤道印度洋潜热通量（超前 3 年 8 月份）与中国大陆 7 月份降水的相关场

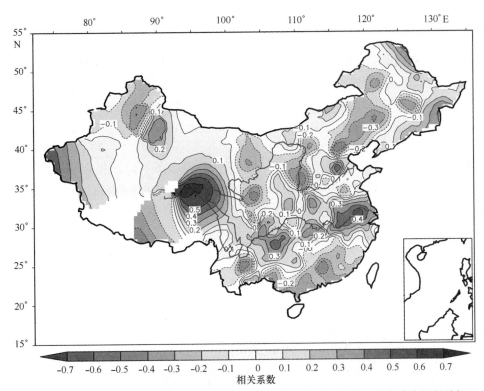

图 5.1 - 26　赤道印度洋潜热通量（超前 3 年 9 月份）与中国大陆 7 月份降水的相关场

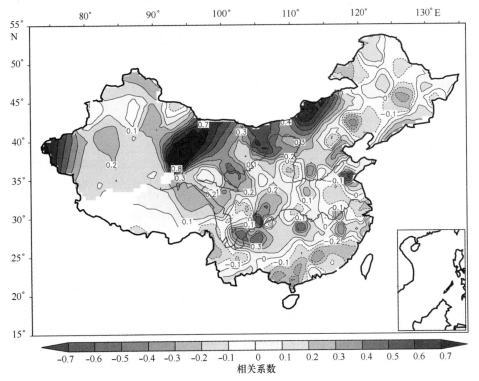

图 5.1 - 27　赤道印度洋潜热通量（超前 3 年 10 月份）与中国大陆 7 月份降水的相关场

5.1.8　北印度洋海气热通量与中国西部降水的关系

由相关分析可知，北印度洋海气热通量与中国西部大部分地区的 6 月降水存在密切关系，由图 5.1 - 28 看出，最佳相关区域出现在西藏、甘肃、青海和内蒙古地区，最大相关系数可达 0.7 以上，已超过 99.9% 的信度检验水平。这种结果表明，当北印度洋潜热通量出现较常偏多（少）时，同期西部地区 6 月降水将会出现偏多（少）的趋势。

图 5.1 - 29 是超前 3 年 6 月北印度洋潜热通量与中国 6 月降水相关场。由图可以看出，最佳相关出现在新疆北部和内蒙古西部一带，最大相关系数可达 0.7 以上。这种关系对新疆北部和内蒙古西部干旱地区的 6 月份降水预测具有实用意义。

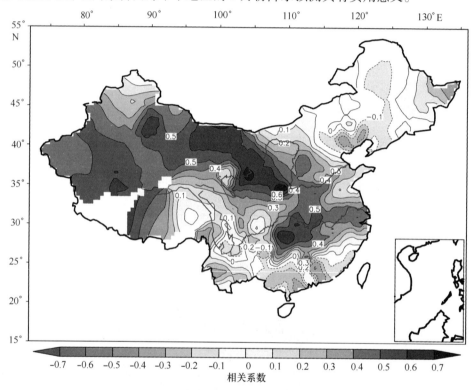

图 5.1 - 28　北印度洋潜热通量（同期）与中国大陆 6 月份降水的相关场

5.1.9　结论

中国西部地区降水是中国大陆最少的地区，属干旱地区。大部分年降水量少于 100 mm。新疆西北部稍多一些。其降水异常变化直接影响着西部地区的农牧业。为此，本节初步揭示了中国西部降水与赤道印度洋和北印度洋热通量之间的关系，为其降水的预测和深入研究提供一定的参考。通过对亚印太海区热通量与中国降水分布的分析发现，赤道印度洋和北印度洋潜热通量与中国西部降水存在

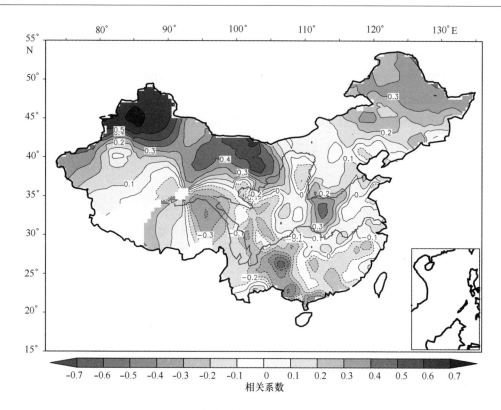

图 5.1 – 29　北印度洋潜热通量（超前 3 年 6 月份）
与中国大陆 6 月份降水的相关场

较好的关系。尤其是超前 2～3 年的 8 月份，对中国西部地区 7 月降水存在非常显著的相关关系。这种关系可以作为预测指标，对中国西部地区的降水进行预测。

5.1.10　青岛地区汛期降水与黑潮区域潜热通量的关系

由此研究表明，海 – 气热通量是气候变化的重要影响因子，海洋对大气的影响主要是通过海气热交换来实现的。海气界面的潜热通量、感热通量反映了海洋对大气的加热，且由于潜热主要是由蒸发过程提供，伴随着水汽相变以及水汽辐合上升等过程，对大气环流和降水有重要的影响，因而潜热和感热通量是气候系统能量和水分循环变异的重要研究内容之一（李翠华等，2010）。由于受海气热通量的限制，有关海气热通量与降水的直接研究较少。尽管如此，仍出现了一些关于海气热通量变化特征与降水变化相联系的研究成果，为今后的相关研究奠定了良好基础。陈锦年（1986a）指出了前期夏、秋季节黑潮区域海气热通量交换对青岛汛期降水有重要的影响。徐桂玉等（1994）指出，太平洋感热、潜热通量与后期长江降水存在显著相关，潜热和感热的异常分布能造成长江流域降水分布不均。任雪娟和钱永甫（2000）研究了南海地区潜热输送与我国东南部夏季降水的遥相关，得到夏季南海中部海盆是影响同期华南降水的"关键区"。

5.1.10.1　资料和分析方法

（1）青岛降水资料：1951 年 1 月—2011 年 12 月逐月降水量。

（2）海气热通量资料：范围（40°S ～ 60°N，20°E ～ 180°），时间 1988 年 1 月—2009 年 12 月 264 个月。分辨率为 1°×1°。

（3）采用概率统计方法，相关分析和回归分析方法。

5.1.10.2　青岛地区降水变化特征

1）季节变化特征

采用统计分析方法，对 1951—2011 年逐月降水量进行计算，计算出了青岛地区多年逐月平均降水量。结果表明，青岛地区多年平均年降水量为 718.3 mm，其中 7—8 月份汛期降水量为 331.0 mm，占全年总降水量的 46.1%。根据青岛地区降水不同月份的标准差来看，最大值出现在 6—9 月，尤其是 7—8 月最大。图 5.1 - 30 是青岛地区多年平均逐月降水变化曲线图，由图清楚地看出，最大降水的峰值出现在每年的 7—8 月份，这一时段正是青岛地区的汛期。

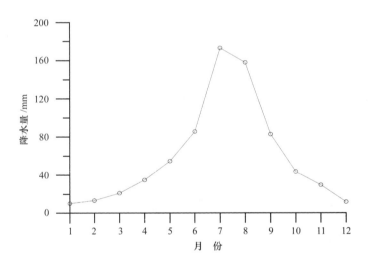

图 5.1 - 30　青岛地区多年平均逐月降水变化

2）年际变化特征

由图 5.1 - 31a 中可以看到，青岛地区降水存在明显的年际变化特征，在 1951—2011 共 61 年中，曾出现几次多雨期，但时间持续较短。一次出现在 20 世纪 50 年代末—60 年代初；第 2 次为 20 世纪 70 年代初和中期；最后一次出现在本世纪初。在 20 世纪 60 年代中后期，70 年代末到 90 年代末，是少雨期。

为更为清楚了解青岛地区降水的异常变化，图 5.1 - 31b 给出青岛地区多年逐月降水距平的长期变化。由图看出，青岛地区汛期降水有着明显的年际变化特征。从全国平均降水来说，青岛地区的降水无论是全年降水量还是汛期降水均属于正常偏少的地

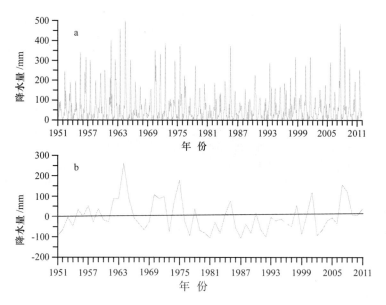

图 5.1 – 31　青岛多年降水变化曲线

a. 逐月降水量；b. 汛期（7—8 月）降水距平

区，但汛期降水也会出现严重干旱和洪涝灾害的现象，在 1951—2011 年期间共出现 6 次汛期降水量小于 150 mm 的干旱，5 次大于 550 mm 的严重洪涝。

5.1.10.3　青岛地区降水变化与西北太平洋海气热通量的联系

1）汛期降水与海气热通量相关

青岛地处山东东部的黄海之滨，由于其独特的地理位置，青岛气候具有明显的地域特点，气候变化既不同于华北地区，也有别于山东其他地区。全国性的大范围雨带分布和雨量预报与青岛旱涝分布实况相差较大（于群，2011）。因此，对于青岛地区的降水预报具有一定的难度。

研究表明，青岛地区的降水主要受副热带高压和西风带系统的控制（王庆，2003；陈兴芳，2000），而副热带高压和西风带系统又与毗邻的西北太平洋海温场存在密切联系（王卫强等，2000），由于海温场的异常变化在很大程度上取决于海气界面的热通量交换（陈锦年，1986a；吴春强等，2009）。为此，采用相关分析方法，对青岛汛期降水变化与海气热通量进行分析，揭示两者之间的关系。图 5.1 – 32 是青岛地区汛期降水与前期海气热通量的相关场。由图 a 表明，青岛地区汛期降水与前期（超前 20 个月）黑潮区域潜热输送存在密切关系，最大相关系数为 0.76 以上。图 5.1 – 31a 与图 5.1 – 32a 相同，是青岛地区汛期降水与前期黑潮区域感热输送的相关场，可以看出，感热通量对青岛地区汛期降水的相关关系更为显著一些，最大相关系数超过 0.78。黑潮区域海气感热通量和潜热通量与青岛地区汛期降水的最大相关均远远超过 99.9% 信度。

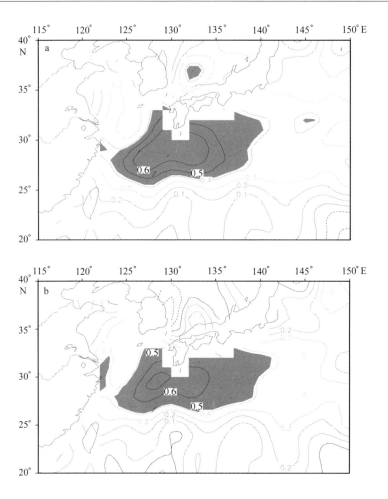

图 5.1 - 32　黑潮区域潜热（a）和感热（b）通量与青岛地区汛期
降水的相关场（阴影为相关信度大于等于 95%）

2）汛期降水与海气热通量年际变化

为深入探讨青岛地区汛期降水和黑潮区域海气热通量之间的联系，提取黑潮区（29°N，128°～130°E）平均感热和潜热通量，列于表 5.1 - 1。

表 5.1 - 1　青岛地区汛期降水与黑潮区域海气热通量

年份	感热通量/W·m⁻²	潜热通量/W·m⁻²	年份	汛期降水/mm
1988	- 11.81	- 57.36	1990	- 11.5
1989	- 30.98	- 99.70	1991	- 95.5
1990	- 10.18	- 11.72	1992	- 11.6
1991	6.65	24.96	1993	90.4
1992	- 8.89	- 21.31	1994	- 49.5
1993	2.03	- 12.20	1995	- 40.0

续表

年份	感热通量/W·m⁻²	潜热通量/W·m⁻²	年份	汛期降水/mm
1994	-12.07	-40.88	1996	-63.0
1995	27.78	52.41	1997	75.5
1996	-7.70	-47.37	1998	26.5
1997	0.16	16.87	1999	1.5
1998	-13.30	-25.16	2000	-17.5
1999	4.63	12.39	2001	91.5
2000	-2.56	13.57	2002	7.9
2001	11.11	29.91	2003	19.9
2002	-3.33	5.31	2004	-50.0
2003	20.08	30.02	2005	76.5
2004	-0.14	3.85	2006	-62.5
2005	38.71	117.07	2007	128.5
2006	1.82	24.27	2008	94.0
2007	-8.32	-0.48	2009	-21.5
2008	0.60	3.14	2010	-21.9
2009	-4.31	-17.61	2011	8.7

由表 5.1－1 可以看出,青岛地区汛期降水与前期(超前 20 个月)黑潮区域感热和潜热通量具有较好的对应关系,从发生的概率来看,青岛地区汛期降水分别与前期黑潮区域感热和潜热通量存在 17/22 准确率,它们二者变化的相关性存在 77% 的概率。图 5.1－33 是青岛地区汛期降水和黑潮区域海气热通量变化曲线,由图可更加直观地发现它们之间存在非常好的对应关系。由相关分析表明,它们之间的相关系数分别为 0.73 和 0.77,均远远超过 99.9% 的信度。

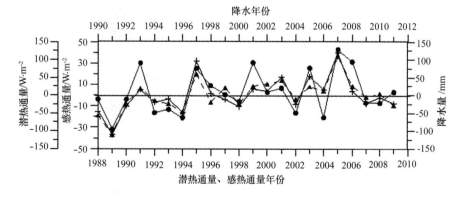

图 5.1－33 青岛地区汛期降水和黑潮区域海气热通量变化曲线
●—●降水; +—+感热通量; ▲—▲潜热通量

根据 T 检验法（胡基福，1996）对相关系数进行显著性检验，

$$t = \sqrt{n-2} \frac{r}{\sqrt{1-r^2}} \qquad (5.1-1)$$

$$r_\alpha = \sqrt{\frac{t_\alpha^2}{n-2+t_\alpha^2}} \qquad (5.1-2)$$

当确定显著水平 $\alpha = 0.05$ 时，$t_{0.05} = 2.086$，

$$r_c = \sqrt{\frac{2.086^2}{22-2+2.086^2}} = \sqrt{\frac{4.35}{20+4.35}} = 0.42 \qquad (5.1-3)$$

由此可以确定，当 $r_c \geqslant 0.42$ 时，可以通过检验。

3）回归方程的建立

由上述分析结果表明，青岛地区汛期降水与前期（超前 20 个月）黑潮区域海气热通量之间存在密切的关系。通过多元回归分析，得到青岛地区汛期降水预报方程。

（1）多元回归方程

由下式表示：

$$Y = a + b_1 X_1 + b_2 X_2 \qquad (5.1-4)$$

式中，X_1 和 X_2 是自变量，分别表示黑潮区域海气感热和潜热通量，时间从 1988 年至 2009 年；Y 是因变量，表示青岛地区汛期（7—8 月）降水，时间从 1990 年至 2011 年。样本个数为 22。

采用最小二乘法，求出方程中的系数，$a = 8.0$；$b_1 = 2.6$；$b_2 = 0.22$。

（2）回归方程的显著性检验

针对建立的回归方程是否具有良好的预报性能，进了行回归方程的显著性检验。

根据 F 分布检验了回归方程的显著性。

$$F = \frac{r^2}{(1-r^2)/(n-2)} \qquad (5.1-5)$$

由上述公式可知，$F = 29.43$。

查算在 $\alpha = 0.05$，分子自由度为 1，分母自由度为 21 时，$F_\alpha = 4.32$，显然 $F > F_\alpha$，由此可以认为建立的回归方程是显著的，可以用来进行青岛地区汛期降水预测。

（3）青岛汛期降水回报检验（图 5.1-34）

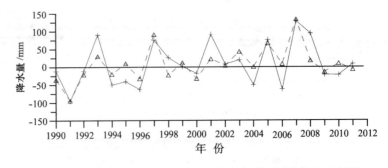

图 5.1-34　青岛汛期（7—8 月）降水（实线）回报检验（虚线）

（4）2012 年青岛地区汛期降水预测

应用上述建立的多元回归方程，对 2012 年青岛地区汛期降水进行了预测，2010 年12 月黑潮区域潜热和感热通量分别较常年偏小为 −74.3 W/m² 和 −14.7 W/m²，2012 年汛期降水将会出现正常略偏少的趋势（−46.5 mm）。而青岛 2012 年 7—8 月平均降水为正常范围（13.5 mm），汛期降水（6—8 月）正常略偏少（−32.1 mm），预测结果基本正确。

5.1.11　结论

（1）青岛地区多年平均年降水量为 718.3 mm，最大降水量出现在 7—8 月份（331.0 mm），占年总降水量的 46.1%。冬季（12，1，2 月）降水量最少为 35.5 mm，只占年总降水量的 0.05%。汛期降水具有明显的旱涝不均现象，应引起关注。

（2）前期（超前 20 个月）黑潮区域的感热和潜热通量与青岛地区汛期降水存在较好的对应关系，它们之间的相关系数分别高达 0.77 和 0.73，远远超过 99.9% 的相关信度。当前期（超前 20 个月）黑潮区域海气热通量出现较常年偏多（少）时，后期青岛地区汛期降水将会出现偏多（少）的趋势。

（3）通过多元回归分析，建立了青岛地区汛期降水的预报方程，并对 2012 年的青岛地区汛期降水进行了预测，其汛期降水会出现较常年略偏少的趋势，预测结果与实际基本一致。

5.2　海气热通量变化与中国大陆气温的关系

5.2.1　西太平洋暖池区域热通量变化与青岛地区冬季气温异常的关系

由图 5.2−1 可以看出，青岛地区一年之中最低气温出现在 1 月，多年平均气温为 −1.1℃。冬季低温是影响青岛地区海上运输、渔业养殖的重要天气过程。近年来冬季频繁出现的低温天气，对青岛地区海上运输和养殖业造成了巨大损失。如 2009/2010 年冬季青岛近海出现 40 年来最严重的冰情，水产养殖受灾面积达 3 058 hm²，直接经济损失达 1.2 亿元。2010/2011 年冬季冰情更为严重，导致青岛地区水产养殖受灾面积约为 5 925 hm²，直接经济损失达 4.7 亿元。由图 5.2−2 可以看出，1951—2013 年共 63 年期间，20 世纪 80 年代以前，明显为偏冷期，而其后至今，基本翻转为偏暖期，但近几年来又出现了偏冷。为此，本节将重点分析青岛地区冬季气温变化及其与海气热通量之间的联系。

通过相关分析，我们发现前期（超前 3 年 11 月份）西太平洋暖池区域潜热通量与青岛地区冬季气温之间存在较好的负相关关系（见图 5.2−3）。为更加清楚它们二者之间的对应关系，取 10°～15°N，135°～145°E 范围平均潜热通量与青岛地区 1 月气温进行分析（见图 5.2−4）。由图可以看出，西太平洋暖池区域潜热通量与青岛地区冬季气温存在明显的反位相关系，即当前期西太平洋暖池区域潜热通量出现较常年偏多（少）时，未来青岛地区冬季将可能会出现异常偏冷（暖）的气候。值得说明的是，这种关系的揭示，对深入探讨青岛地区冬季气候异常变化有重要参考意义，尤其是对预测具有实用价值。

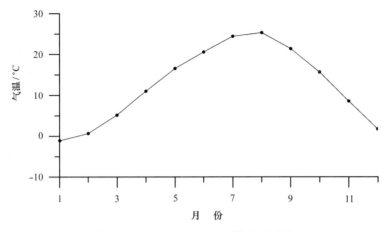

图 5.2-1　青岛地区多年平均气温变化

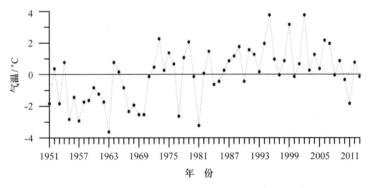

图 5.2-2　青岛地区冬季（1 月）多年气温变化

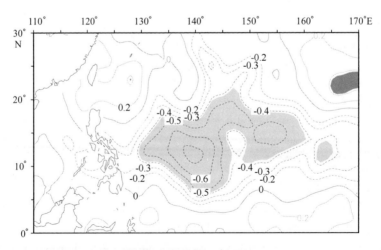

图 5.2-3　西太平洋暖池区域潜热通量（超前 3 年 11 月份）与
青岛地区冬季气温变化相关场（阴影为相关信度大于等于 95%）

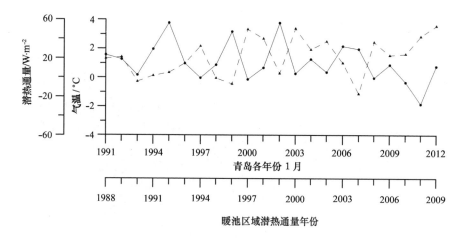

图 5.2 - 4　西太平洋暖池区域潜热通量（超前 3 年 11 月份）与青岛地区冬季气温变化
实线：气温；虚线：潜热通量

5.2.2　赤道印度洋区域潜热通量变化与我国北方冬季气温异常的关系

由分析表明，赤道印度洋区域热通量变化对南海夏季风爆发以及我国汛期降水存在一定联系，由此可以说明，赤道印度洋区域热通量对我国的天气系统具有一定的影响作用。为此，我们采用赤道印度洋区域潜热通量（感热通量比潜热通量几乎小一个量级，暂不考虑）与中国冬季气温进行了相关分析，结果发现，前期（超前 2 年 4 月份）赤道印度洋潜热通量与长江中下游、华北以及内蒙地区的冬季气温存在较好的相关关系（见图 5.2 - 5）。当赤道印度洋潜热通量出现较常年偏多（少）时，中国长江中下游和华北和内蒙地区的冬季气温将会出现异常偏低（高）。这一相关关系可以用来进行我国长江中下游和华北以及内蒙地区冬季气温的预测。

采用相同方法，通过时滞相关分析，发现前期（超前 3 年 6 月份）赤道印度洋区域潜热通量与中国冬季气温存在密切关系，尤其是北方的东北地区（见图 5.2 - 6）。同样，它们之间也存在负的相关关系，当前期赤道印度洋区域潜热通量出现异常偏多（小）时，后期中国东北地区的冬季将会出现异常偏冷（暖）的气候。

5.2.3　西太平洋暖池区域潜热通量变化与我国冬季气温异常的关系

西太平洋暖池区域海表温度、热含量以及次表层异常海温变化对南海夏季风爆发和中国汛期降水存在一定的联系，许多学者采用该区域表层 SST 或次表层海温以及热含量等参量与我国气候变化进行了分析研究，给出了许多有益的结果。但采用该区域热通量进行的相关研究较少。通过相关分析，我们发现前期夏季（6 月）西太平洋暖池区域潜热通量与我国东部冬季气温存在密切关系，尤其是对华北和东北地区的相关最为显著，相关系数超过 -0.7，相关信度已超过 99.9%（图 5.2 - 7）。这一相关关系表明，当西太平洋暖池区域潜热通量出现异常偏多（少）时，华北和东北地区冬季气温将会出现异常偏冷（暖）的趋势。

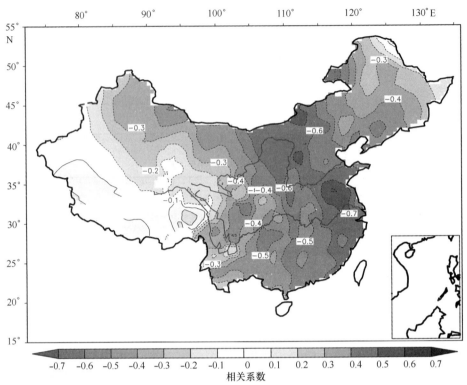

图 5.2－5　赤道印度洋潜热通量（超前 2 年 4 月份）与中国冬季气温相关场

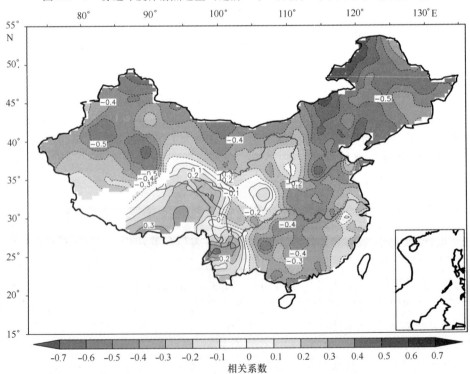

图 5.2－6　赤道印度洋区域潜热通量（超前 3 年 6 月份）与中国冬季气温相关场

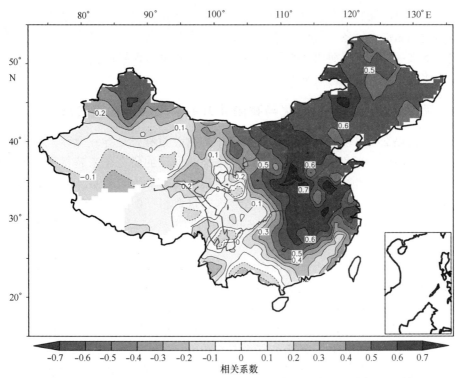

图 5.2 – 7　西北太平洋潜热通量（前期 6 月）与中国大陆冬季气温相关场

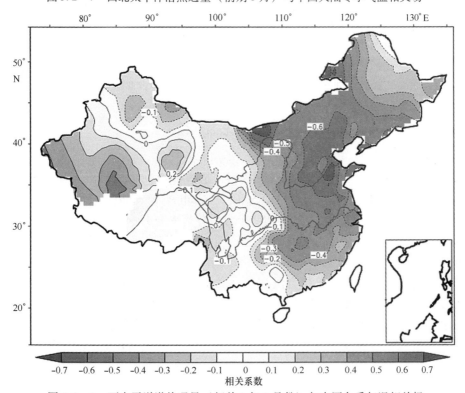

图 5.2 – 8　西太平洋潜热通量（超前 2 年 9 月份）与中国冬季气温相关场

另外，通过时滞相关分析又发现，前期（超前 2 年 9 月份）西太平洋暖池区域潜热通量与我国东部地区冬季气温变化存在显著的负相关关系，尤其是华北地区最为显著（见图 5.2 - 8）。当前期西太平洋暖池区域潜热通量出现异常偏多（少）时，华北地区冬季将会出现异常偏冷（暖）。

5.2.4 南海区域潜热通量变化与我国北方冬季气温异常的关系

海气界面热交换是多尺度海气相互作用中的重要过程，是导致全球气候变化的关键因子之一。因此，近几十年来，针对海气界面热通量的研究越来越得到世界许多国家科学家的重视。作者基于卫星遥感资料反演出的海洋和大气参数，采用海气热通量算法（COARE3.0）计算得到亚印太海区潜热通量资料（0.5° × 0.5°；1988 年 1 月—2009 年 12 月）。该热通量产品目前是我国唯一向国内外发布的通量产品，填补了国内空白。

应用上述热通量资料分析研究了南海区域潜热通量变化和我国冬季气温变化的季节和年际变化特征以及它们之间的联系，结果表明，南海区域潜热通量和我国冬季气温异常变化存在显著的年际变化特征，南海区域热通量的主要周期为 2～3 年，4～8 年和 11～14 年，尤其是我国冬季气温在 20 世纪 70 年代末至 80 年代初出现一次突变过程，由较常年偏低（负位相）转为偏高（正位相），我国北方的增温幅度高达 2℃，南方的增温幅度较小，甚至出现降温现象。由进一步分析可知，南海区域潜热通量与我国华北、东北地区冬季气温变化存在密切关系，当前期（超前 16 个月）潜热通量出现异常偏大（小）时，我国华北和东北地区的冬季气温将会出现异常偏低（高）的趋势。这种关系的揭示将对我国北方冬季气温异常变化的预测具有实用价值。为此，选取我国华北和东北地区 15 个观测站（北京、天津、承德、张家口、石家庄、德州、安阳、济南、邢台、赤峰、西林浩特、丹东、大连、长春、沈阳）的冬季气温和南海区域潜热通量，根据它们二者的关系，建立了华北和东北地区冬季气温的预测方程，对2014 年冬季气温进行了预测，冬季将会出现较常年偏暖。

5.2.4.1 资料和分析方法

（1）潜热通量资料：应用卫星遥感资料，通过神经网络反演出海洋和大气参数，采用目前较为先进的通量算法（COARE3.0）（Fairall et al., 2003），自主完成的热通量产品。1987 年 8 月—2009 年 12 月共 269 个月。分辨率为 1° × 1°。

（2）中央气象局气候中心 160 站气温资料（中国气象科学共享资料）。1951 年 1月—2012 年 12 月共 744 个月。

（3）采用常规资料统计分析方法和最小二乘回归分析方法，建立了华北冬季气温异常变化的预测方程，尝试我国冬季冷暖的长期预测，为今后华北冬季气温预测提供理论依据。

5.2.4.2 南海区域潜热通量变化

1）热通量季节变化特征

海洋影响大气过程主要是通过海气界面感热和潜热通量来完成的，由于感热通量相比要小于潜热通量一个量级，所以，本文只讨论潜热通量的变化特征。图 5.2 - 9 是南海区域潜热通量多年平均场，由图可知，南海区域潜热通量在空间上存在明显的不均匀分布特征，除了巴士海峡较大外，整个海盆是中间大，周围小。巴士海峡最大值为 150 W/m^2，海盆中间为 130 W/m^2，南北为 110 W/m^2 左右。

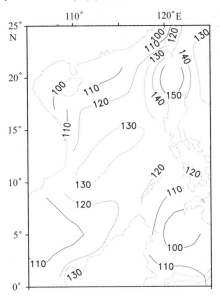

图 5.2 - 9　南海区域潜热通量（W/m^2）多年平均空间分布

为了更加清楚地了解南海区域潜热通量季节变化，计算了南海区域不同季节的气候态变化（图略）。由图可以看出，1 月份的气候态潜热通量的最大值出现在巴士海峡至台湾，最大值超过 210 W/m^2，南海中部最大为 130 W/m^2，南海北部为 110 W/m^2 左右，南部小于 100 W/m^2。4 月份的潜热通量相比 1 月出现较大变化，位于巴士海峡至台湾的最大值区消失，最大值出现在南海中部至菲律宾一带，最大值为 120 W/m^2，其南部基本维持在 100～110 W/m^2，北部最小为 50 W/m^2。7 月份的潜热通量空间分布格局大致相同，最大值仍位于南海中部，最大值为 150 W/m^2；南、北部稍小一些，为 140 W/m^2 左右；10 月份的空间分布是，巴士海峡为最大，最大值为 160 W/m^2，南海在 110～120 W/m^2 之间。由此可以说明，南海区域潜热通量的气候态变化存在较大差异。由潜热通量算法可知，潜热通量主要取决于风速和海表面比湿和近海面空气比湿差两项，在后者保持基本不变的情况下，前者贡献相对较大。由于南海北部，尤其是台湾 - 巴士海峡一带，受东亚冬季风的影响明显，冬季（1 月）的潜热通量相对较大。春季（4 月）是东亚季风转换期，南海区域的风速相对较小，因此，该月的潜热通量减小。夏季（7 月）受东亚夏季风的影响，尤其是南海中部，潜热通量明显增大。秋季（10 月）受冬季风的势力开始增强和副热带高压低空环流的共同影响，台湾 - 巴士海峡一带的潜热通量出现明显的增大。

2）潜热通量年际变化特征

潜热通量的季节变化对大气环流将产生重要影响，然而年际或年代际变化对气候异常变化的影响更为重要。为此，我们将重点分析南海区域的潜热通量的年际变化特征，以期为气候预测提供参考。

图 5.2 - 10 是南海区域潜热通量的时间序列变化，由图可以非常清楚地看出，它们均具有明显的年际变化特征。由小波分析可知（图 5.2 - 11），在 20 世纪 90 年代初至 20 世纪末，主要是 3 ~ 7 年的周期。21 世纪以来，12 年左右的周期和准 3 年的周期占主导地位。由功率谱分析结果，自 1988—2009 年期间，通过 95% 信度检验的周期为 2 ~ 3 年，4 ~ 8 年和 11 ~ 14 年。

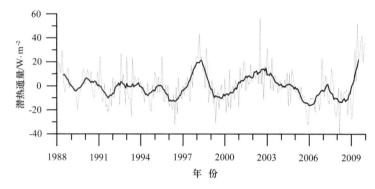

图 5.2 - 10　南海区域潜热通量多年变化

粗实线：11 个月滑动平均

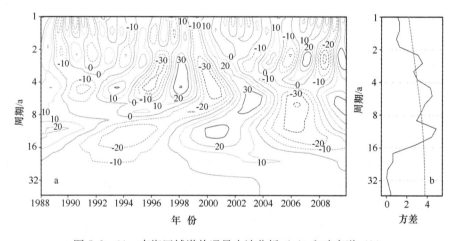

图 5.2 - 11　南海区域潜热通量小波分析（a）和功率谱（b）

5.2.4.3　南海区域潜热通量与我国冬季气温变化的关系

1）中国大陆气温变化

由研究表明，南海区域的海洋变化对我国气候和降水存在密切关系（何有海等，2003；陈烈庭，1991；梁建茵等，1995；闵锦忠等，2000）。但至今，采用南海潜热通量对我国冬季气温之间关系的研究较少，为此本节将重点分析探讨南海区域潜热通量变化对我国冬季气温异常的联系，试图为我国近年来冬季频繁出现冷冬天气提供参考。

为了解我国冬季气温的变化特征，对我国气温变化进行了分析。图 5.2 – 12 是我国多年（1951—2012 年）160 站观测的冬季气温空间分布图，由图可以看出，中国大陆冬季气温呈南高北低分布，最低气温出现在东北黑龙江省，最低温度为 – 26.9℃；最高气温出现在华南地区，最高为 18.4℃。在青海省和新疆还存在一个次低温区域，分别为 – 14.9℃和 – 14.5℃。

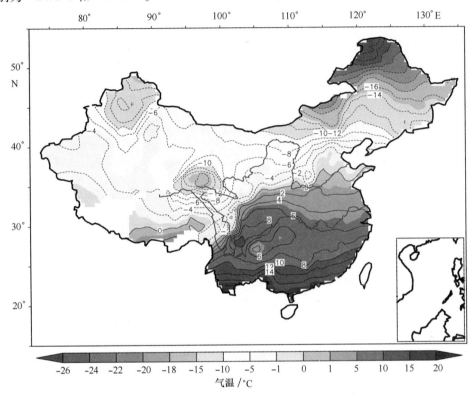

图 5.2 – 12　中国大陆冬季（12、1、2 月）多年（1951—2012 年）平均气温

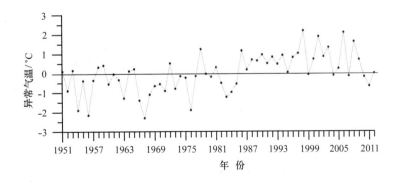

图 5.2 – 13　中国大陆冬季异常气温变化

图 5.2 – 13 是中国大陆冬季异常气温变化曲线图，由图可知，中国大陆冬季气温

的异常变化也具有明显的年际变化和年代际变化特征，尤其是年代际变化更为明显。在 20 世纪 70 年代末至 80 年代初，气温由偏低转为偏高。为了确定冬季气温在这一期间是否也存在突变现象，对其进行了 M－K 突变检验（图 5.2－14），结果表明，中国大陆冬季气温在 20 世纪 70 年代末至 80 年代初，出现了明显的突变。中国大陆冬季气温出现的突变过程与全球范围的气候突变时间吻合（符淙斌，1994），与海洋温度场的突变过程相一致（王宏娜等，2009）。

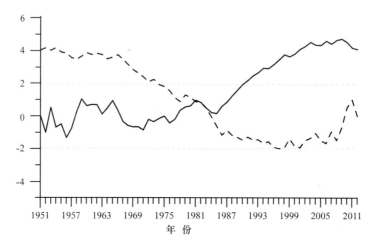

图 5.2－14　中国大陆冬季气温变化的 M－K 突变检验（虚线为 95% 置信水平临界值）

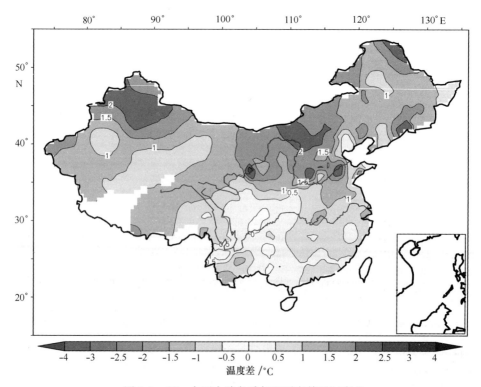

图 5.2－15　中国大陆冬季气温跃变前后温度差

　　为进一步了解在全球气候变暖的大背景下，中国大陆冬季气温在发生突变前后的差异，根据上述分析结果，分别选取了 1951—1985 年和 1986—2012 年气候突变前后的气温变化进行分析（见图 5.2 - 15）。由图可以清楚地看出，中国大陆冬季气温突变前后的最大温差出现在华北，内蒙古，黄河流域和新疆地区，黑龙江北部等，最大温差高达 2℃ 以上。长江流域及其以南地区温差较小，尤其是在四川、贵州和广西一带温差甚至出现负值。总的看来，北方的冬季气温增温明显，南方冬季气温增温较小甚至出现降温现象。尽管如此，但从 2010—2012 年，中国大陆冬季气温出现明显的降温现象，尤其是中国北方地区的降温幅度较大。

　　2）中国大陆冬季气温变化与南海潜热通量的联系

　　由分析表明，中国北方冬季（12、1、2 月）的气温的最低值主要出现在 1 月，因此，本文拟将 1 月平均气温代表中国大陆冬季温度变化，进而探讨与南海区域潜热通量之间的联系。通过相关分析结果发现，南海区域潜热通量（9 月）超前中国大陆冬季气温变化 16 个月的时滞相关存在密切关系（图 5.2 - 16）。由图看出，中国东部和北部冬季气温变化与南海区域潜热通量存在较好的负相关关系，尤其是华北、东北地区相关关系非常显著，最大相关系数超过 - 0.6，有些地区高达 - 0.7，远远超过 99.9% 的信度检验。这种结果表明，当南海区域前期 9 月潜热通量出现异常偏大（小）时，滞后 16 个月华北、东北的冬季气温将会出现异常偏低（高）的趋势。

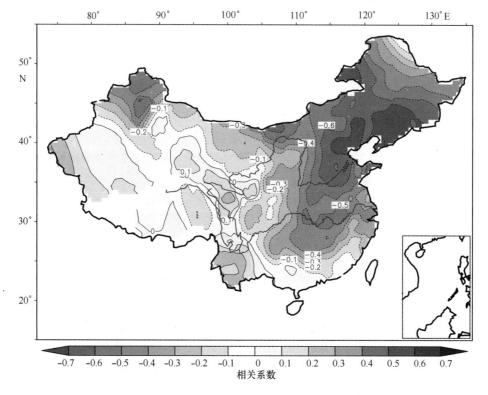

图 5.2 - 16　前期（超前 16 个月）南海区域潜热通量与中国大陆冬季气温变化相关场

上述分析结果表明，南海区域潜热通量与中国华北和东北地区冬季气温存在密切联系，这种关系对我国北方的华北和东北地区冬季气温异常变化的预测有重要意义，尤其是对近年来我国北方冷冬过程的预测具有重要参考价值。因此，我们选取了南海最佳相关区域的潜热通量与我国华北和东北地区（北京、天津、承德、张家口、石家庄、德州、安阳、济南、邢台、赤峰、西林浩特、丹东、大连、长春、沈阳共15站）的冬季气温变化（见图 5.2 – 17），由图可以看出，它们二者呈现较为明显的反相关关系，由分析可知，它们之间的相关系数高达 – 0.79，远远超过99.9%的信度检验。

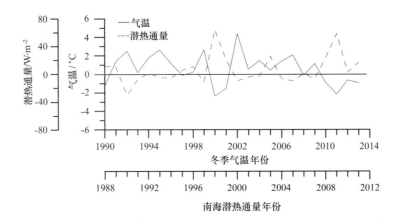

图 5.2 – 17　9 月（超前 16 个月）南海潜热通量与华北和东北冬季气温变化曲线

3）南海区域潜热通量影响我国华北、东北地区冬季气温的可能机理

由上述分析结果表明，南海区域潜热通量变化与我国华北和东北地区冬季气温异常存在密切联系，它们之间不仅存在密切的遥相关的关系，而且还保持 16 个月的时滞相关关系。为了能够对其之间的内在联系有一定了解，本文通过冬季 500 hPa 高度场的分析试图提供初步的可能解释。

图 5.2 – 18 是选取我国冬季异常偏冷（1990、2011、2012、2013 年）和偏暖（1992、1995、2002、2007 年）时的 500 hPa 异常高度场合成图。由图可以清楚地看出，我国北方冬季异常偏冷年对应的 500 hPa 高度场是东欧 – 我国大陆 – 日本一带负异常，而高纬地区则是正的异常。相反，我国北方冬季异常偏暖对应的 500 hPa 高度场东欧 – 中国大陆 – 日本一带出现正的异常，而高纬出现负的异常。这种北半球中高纬度高度场的分布特征是导致我国北方冬季出现异常冷（暖）的环流形势。

为更好了解引起我国冬季异常偏冷（暖）环流场变异的可能机理，我们选取了我国冬季异常偏冷前期南海区域潜热通量（1988、2009、2010、2011 年）和偏暖前期南海区域潜热通量（1990、1993、2000、2005 年）异常合成图（见图 5.2 – 19）。由图可以看出，我国冬季异常偏冷年，对应着前期南海区域潜热通量为正异常，而我国冬季异常偏暖年，对应着前期南海区域潜热通量为负异常。

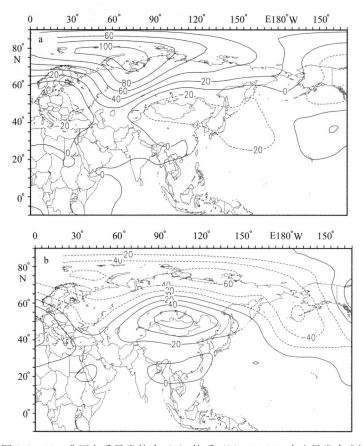

图 5.2 - 18　我国冬季异常偏冷（a）偏暖（b）500 hPa 高度异常合成场

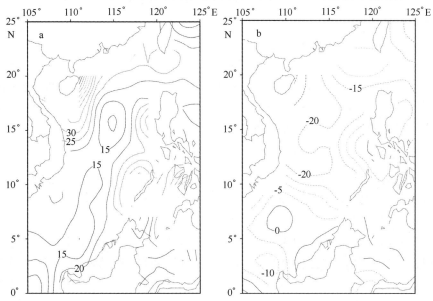

图 5.2 - 19　我国冬季异常偏冷（暖）对应的南海区域

潜热通量偏多（a）偏少（b）合成图（单位：W/m²）

通过对南海区域潜热通量与 500 hPa 高度场的相关分析可知（图 5.2 - 20），前期南海区域潜热通量与 500 hPa 高度场存在较好的相关关系，当前者出现异常偏多时，北半球 500 hPa 高度场将会出现中纬度为负异常，高纬度为正异常变化趋势；而当前者出现异常偏少时，北半球 500 hPa 高度场将会出现中纬度为正异常，高纬度为负异常变化趋势。通过北半球 500 hPa 高度场的异常变化进而影响华北和东北地区的冬季气温。

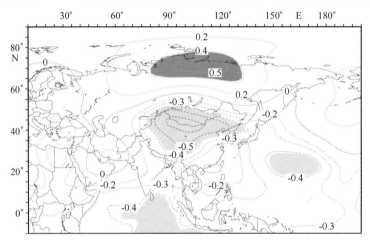

图 5.2 - 20　南海区域潜热通量（超前 16 个月）
与冬季 500 hPa 位势高度相关场

5.2.4.4　冬季异常气温预测

为预测我国华北和东北地区未来冬季的气温异常变化，通过回归分析，建立了它们二者之间的预报方程。

1）回归方程的建立

$$Y = ax + b \tag{5.2 - 1}$$

式中，x 是自变量，南海潜热通量，时间从 1988 年到 2012 年；Y 是因变量，我国华北和东北地区冬季气温，从 1990 年到 2012 年，样本数为 24。a，b 分别表示预报方程的斜率和截距，其值分别为 -0.06 和 0.96。

2）回归方程的显著性检验

针对建立的回归方程是否具有良好的预报性能，需要进行回归方程的显著性检验。根据 F 分布可以检验回归方程的是否具有显著性。

由上述公式可知，$F = 34.1$。

查算在 $\alpha = 0.05$，分子自由度为 1，分母自由度为 22 时，$F_\alpha = 4.3$，显然 $F > F_\alpha$，由此可以认为建立的回归方程是显著的，可以进行我国华北和东北地区冬季气温的预测。

3）2014 年冬季气温预测

应用上述建立的回归方程，对 2014 年华北和东北地区的冬季气温异常进行预测试验。2012 年 9 月南海区域潜热通量为 – 15.06 W/m²，2014 年的冬季气温将会出现较常年偏暖。

5.2.5　海气热通量与长江中下游气温变化的关系

5.2.5.1　西太平洋潜热通量与长江中下游气温变化的关系

由上节中国冬季长期气温变化的分析结果来看，中国冬季气温出现了明显的年代际变化。20 世纪 80 年代以前主要表现为偏冷状态，而其后出现了偏暖状态。冬季最大异常偏暖出现在中国的北方，南方异常偏暖程度较小。最近几年来，无论中国北方还是南方，冬季均出现了异常偏冷状态，对北方的海上运输、渔业等带来严重威胁，而对南方的农业生产和交通运输产生较大影响。

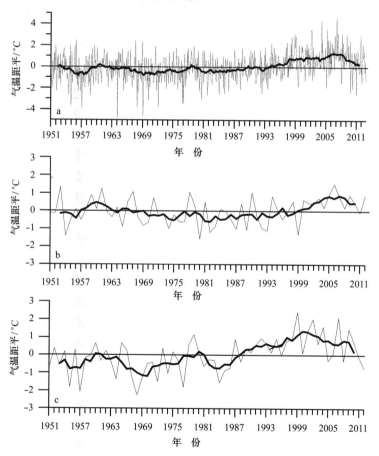

图 5.2 – 21　长江中下游气温长期变化曲线

a. 逐月距平变化；b. 夏季（6—8 月）距平变化；c. 冬季（12—2 月）距平变化。粗实线：3 年滑动平均

本节重点探讨我国长江中下游气温变化与西北太平洋海气热通量之间的内在联系。图 5.2 – 21 是长江中下游长期气温变化。由图可以看出，长江中下游地区的气温变化存在显著的年际变化和年代际变化特征，20 世纪 80 年代之前在整个时间序列中为负距

平，而其后至今出现了明显的正距平，这一变化从3年平滑曲线来看更为清楚。这一变化特征与全球气候变化趋势大致相同。由此可以认为，我国长江中下游地区的气温变化与全球变化相一致，主要是受全球变化的影响所致。从图5.2－21b夏季的多年变化曲线来看，其变化特征与图5.2－21a多年逐月变化基本一致。图5.2－21c是长江中下游地区冬季（12—2月）气温距平变化曲线，由图可以看出，其变化形态大致与图5.2－21a和图5.2－21b相同，但也存在差异。如在20世纪80年代之前的负距平变化中，出现明显的波动，冬季距平值变化振幅与夏季（见图5.2－21b）相比，明显要大一些，最为明显的变化特征为夏季增暖的时间晚于冬季，前者增暖时间出现在20世纪90年代末，而后者增暖时间是出现在80年代末，夏冬相差为10年。与图5.2－21a比较表明，长江中下游的气温变化在较大程度上取决于冬季气温的变化。

　　为了解长江中下游地区夏季和冬季气温变化年代际变化特征，我们对其进行了突变检验。图5.2－22是长江中下游地区夏季气温突变检验结果，由图可以看出长江中下游夏季气温于20世纪90年代末出现突变，而冬季气温是在20世纪80年代末出现突变，夏、冬季的气温变化存在明显的不同步。

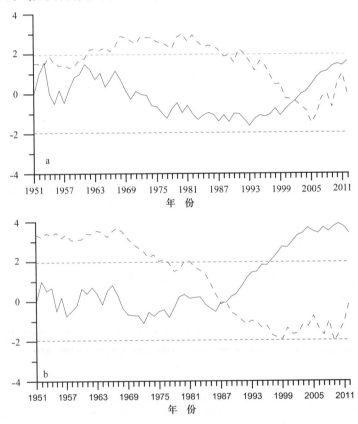

图5.2－22　长江中下游地区夏季（a）和冬季（b）气温突变检验

　　由图5.2－23可以看出，西太平洋潜热通量与中国冬季气温变化存在较好的相关关系，尤其是中国东部地区，华北和东北地区的相关更为显著，最大相关系数可达0.7

以上，已远远超过99.9%信度。这一相关关系表明，西太平洋区域潜热通量与中国东部大部地区（包括长江中下游）和华北以及东北地区的冬季气温存在密切关系。这一关系的揭示对于我国东部和华北以及东北地区冬季气温的预测具有重要意义，可以提前半年预测冬季气温的异常变化。

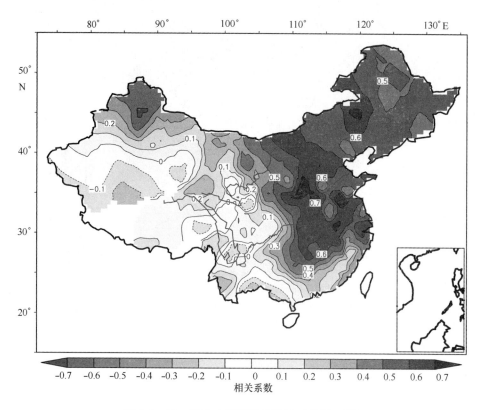

图 5.2 - 23   西北太平洋潜热通量（前期6月）
与中国大陆冬季气温相关场

5.2.5.2   赤道印度洋潜热通量与长江中下游气温变化的关系

由上节分析可知，赤道印度洋潜热通量与长江中下游和华北等地区的汛期降水存在密切关系，这可以说明，赤道印度洋潜热通量对南海夏季风爆发以及北推存在一定的关系。那么赤道印度洋潜热通量是否与长江流域、华北以及东北地区的冬季的气温也存在一定的联系，为此，我们对它们之间进行相关分析，结果表明，它们之间存在较好的相关关系（见图5.2 - 24）。当前期赤道印度洋潜热通量（超前2年4月份）出现异常偏多（少）时，长江中下游流域、华北、东北部分地区的冬季气温将会出现异常偏冷（暖）。

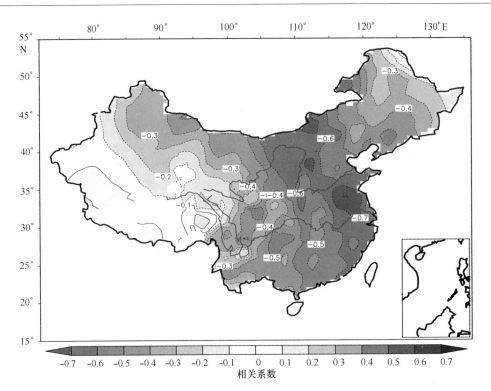

图 5.2－24　赤道印度洋潜热通量（超前 2 年 4 月份）
与中国大陆 1 月份气温相关场

5.2.6　结论

（1）通过相关分析可知，前期（超前 3 年 11 月份）西太平洋暖池区域潜热通量与青岛地区冬季气温之间存在较好的负相关关系，即当前期西太平洋暖池区域潜热通量出现较常年偏多（少）时，未来青岛地区冬季将可能会出现异常偏冷（暖）的气候。值得说明的是，这种关系的揭示，对深入探讨青岛地区冬季气候异常变化有重要参考意义，尤其是对预测具有实用价值。

（2）赤道印度洋区域潜热通量变化与我国南方和华北冬季气温变化存在一定的联系，当前期（超前 2 年 4 月份）赤道印度洋区域潜热通量出现异常偏多（少）时，未来我国南方和华北地区冬季气温将会出现较常年偏低（高）。当前期（超前 3 年 6 月份）赤道印度洋区域潜热通量出现异常偏多（少）时，我国北方冬季将会出现偏冷（暖）的趋势。

（3）西北太平洋区域的潜热通量与我国东部冬季气温存在显著的相关关系，当前期（6 月份）潜热通量出现异常偏多（少）时，长江中下游、华北和东北地区的冬季将会出现偏暖（冷）。另外，当前期（超前 2 年 9 月份），西北太平洋区域潜热通量出现异常偏多（少）时，我国华北地区冬季将会出现较常年偏冷（暖）。

（4）南海区域潜热通量具有显著的 2～3 年的准 2 年（QBO）周期和 4～7 年周期，

前者与东亚夏季风的周期相同；后者与 ENSO 循环周期吻合。还存在 11～14 年周期。

由分析可知，我国冬季气温异常变化在 20 世纪 70 年代末至 80 年代初出现一次突变过程，由异常偏冷转变为偏暖。增暖最大的区域位于我国北方，最高增幅高达 2℃；而南方增暖较小，甚至有的区域反而出现降温。但近几年来又出现较常年偏冷的状态。

我国华北和东北地区冬季气温异常变化与南海区域潜热通量变化存在密切关系，当超前 16 个月潜热通量异常偏多（少）时，华北和东北地区冬季气温会出现异常偏低（高）的变化趋势。

通过回归分析，建立了我国华北和东北地区冬季气温异常变化的预测方程，对 2014 年冬季我国华北和东北地区气温进行预测，由预测结果表明，将会出现较常年偏暖的趋势。

（5）中国大陆的气温变化由 20 世纪 90 年代之前的气温呈现偏冷状态，而之后出现明显上升，这一变化特征与全球气候变化基本一致。由北方冬季气温变化来看，除了与全球气候变化波动相吻合外，近年来出现了明显偏冷状态，尤其是欧亚地区出现了几十年甚至百年一遇的寒冬，更坚定了部分科学家的推测，认为可能出现小冰期，这意味着未来将会出现偏冷状态。通过分析认为，东北、华北地区冬季气温与南海区域、西太平洋暖池区域和赤道印度洋区域热通量存在较好的关系，这种关系的揭示对深入探讨我国北方冬季气温长期变化具有一定的参考意义，尤其是对我国北方冬季气温的预测具有实用价值。

（6）长江中下游气温异常在 20 世纪前 10 年初期出现明显的上升，而夏季和冬季气温变化的趋势存在一定的差异。夏季在 90 年代末出现上升，而冬季在 80 年代末就出现了上升。冬季气温上升明显早于夏季。由突变分析结果表明，夏季气温突变发生在 2000 年前后，而冬季气温突变发生在 1987 年前后，它们二者突变时间相差 12 年左右。由此，可以进一步证明，长江中下游地区的气温变化过程中，冬季气温上升明显早于夏季。通过相关分析表明，西太平洋暖池区域潜热通量与长江中下游的冬季气温存在一定的联系。当前期 6 月潜热通量出现偏多（少）时，冬季长江中下游冬季气温将会出现偏高（低）的趋势。同样，赤道印度洋潜热通量与长江中下游冬季气温之间呈负的相关关系，当赤道印度洋潜热通量出现较常年偏多（少）时，长江中下游地区冬季气温将会出现较常年偏冷（暖）的变化。

5.3 海气热通量变化对季风的影响

5.3.1 西太平洋暖池区域海气热通量变化对南海夏季风爆发的影响

热带西太平洋暖池（以下简称暖池）位于赤道太平洋西部，是全球海表温度最高、贮存能量最多的地区之一，故有西太平洋暖池之称。暖池处于 Walker 环流的上升支，该区也是全球海－气相互作用最强的地区之一，大量水汽的辐合在这一地区形成强烈的对流活动，其热力状况对东亚地区夏季大气环流和夏季风的变化具有重要影响，其异常变化对包括中国在内的亚洲和太平洋区域的气候变化和自然灾害的形成关系密切。

本节将主要探讨暖池区海气热通量的变化对南海夏季风爆发的影响。

5.3.1.1　暖池区域海气热通量与南海夏季风爆发的关系

为了研究暖池区海气热通量与南海夏季风爆发时间的关系，对二者做时滞相关分析。结果表明，西太平洋区域海气潜热和感热通量均与南海夏季风的爆发时间存在显著的正相关关系，最佳相关场出现在暖池区海气热通量超前南海夏季风爆发 3 年的 4 月份（见图 5.3 - 1）。潜热通量与南海夏季风爆发时间之间的最大正相关达到 0.7 以上，出现在以菲律宾为中心的区域，而感热通量的最大相关系数在 0.6 以上，都远远超过 99.9% 相关信度。这一结果说明，当暖池区域 4 月份提供海气热通量较常年偏多时，3 年后的南海夏季风爆发时间将会出现偏晚的趋势；当暖池区域 4 月份海气热通量提供较常年偏少时，3 年后的南海夏季风爆发时间将会出现偏早趋势。

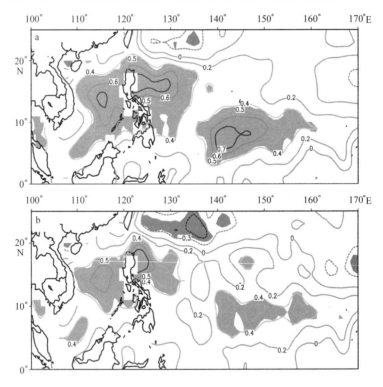

图 5.3 - 1　卫星反演的西太平洋暖池区域海气潜热通量（a）、感热通量（b）
与南海夏季风爆发的最佳相关场（阴影区是相关系数超过 95% 信度）

5.3.1.2　暖池区域海气热通量与南海夏季风爆发相关关系机制探讨

前面章节中分析得出西太平洋暖池区域的潜热通量 3 年的周期信号很强，而 3 年的时间周期恰好与 ENSO 的周期吻合，猜测暖池区海气热通量与南海夏季风爆发的这种关系可能与 ENSO 有一定关系，为了弄清这其中的机制，我们首先对 3 年周期振荡最强时段内的潜热通量与南海夏季风爆发指数做时滞相关，选取潜热通量时间长度 1993—2002 年，与南海夏季风爆发时间做时滞相关，结果表明，最大相关位于潜热通量超前季风爆发 3 年的 4 月份（见图 5.3 - 2），相关区域与图 5.3 - 3 相比，位置稍偏北，尤其是 140° ~ 170°E 的区域上，位置在 10°N 以北，由图可以看出，通过 95% 信度检验的区域比原来大很多，我们知道 1993 到 2002 年期间包含了几次强的 ENSO 事件，因此推测海气热通量影响南海夏季风爆发的过程与 ENSO 事件有一定关系。

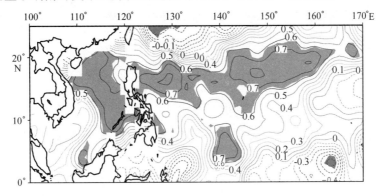

图 5.3 - 2　西太平洋区域年际尺度振荡显著时间段内海气潜热通量与南海夏季风爆发的相关场（其中，潜热通量 1993—2002 年）

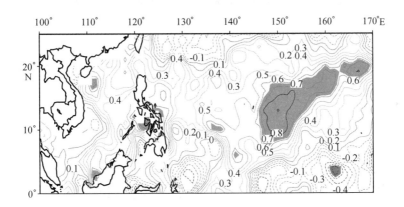

图 5.3 - 3　潜热通量与 Niño3.4 区 Niño 指数的相关场（潜热通量1993—2002 年，阴影区表示通过 95% 的信度检验）

为了进一步检验其与 ENSO 的关系，我们对暖池区的热通量与 Niño3.4 指数做时滞相关（图 5.3 -3）。结果表明，其最大相关同样位于通量超前 Niño 指数 3 年的 4 月份，时间与南海季风相同。其相关性最大的区域位于 10°N 附近，这一区域正好是北赤道流主流区域。该区域的热通量变化首先对局地的海温产生影响，然后通过海洋过程影响到 Niño3.4 区的海温变化（即 ENSO 过程），热带东太平洋的海温变化再通过影响 Walker 环流上升支的变化进而影响大气环流，从而影响南海夏季风爆发。这一过程的时间大约是 3 年左右。

5.3.1.3　2011 年和 2012 年南海夏季风爆发的预报

由上述分析可知，西太平洋暖池区域的海气潜热和感热通量与南海夏季风爆发之间存在非常好的正相关关系，其最佳相关场位于热通量超前南海夏季风爆发 3 年的 4 月份。根据这一相关关系，取相关性最好区域（18°～5°N，110°～160°E）平均的海气感热和潜热通量的异常值与南海夏季风爆发早晚进行分析（图 5.3－4）。由图可以看出，除个别年份外，超前南海夏季风爆发 3 年 4 月份的感热通量和潜热通量与南海夏季风爆发之间存在较好的对应关系。通过计算得到，感热和潜热通量与南海夏季风爆发时间相关系数分别为 $r=0.71$ 和 $r=0.80$。

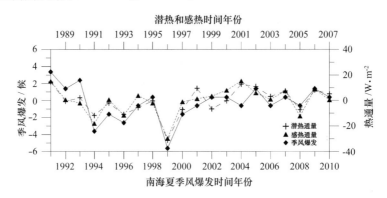

图 5.3－4　南海夏季风爆发与西太平洋暖池区域海气潜热和感热通量时间序列变化

　　利用西太平洋暖池区域海气热通量与南海夏季风爆发之间的密切联系，建立南海夏季风爆发和前期感热和潜热通量的多元回归方程，对 2011 年和 2012 年南海夏季风爆发作简单预报。

　　（1）多元回归方程的建立：

$$Y = a + b_1 X_1 + b_2 X_2 \qquad (5.3-1)$$

式中，X_1 和 X_2 是自变量，分别表示西太平洋暖池区域海气潜热和感热通量，时间尺度从 1988 年到 2007 年；Y 为因变量，表示南海夏季风爆发时间，从 1991 年到 2010 年。通过最小二乘法得到方程中的系数：$a=-0.25$；$b_1=0.096$；$b_2=0.43$。

　　（2）多元回归方程的显著性检验：

$$F = \frac{r^2/m}{(1-r^2)(n-m-1)} \qquad (5.3-2)$$

式中，r 为复相关系数，m 为自变量的个数，n 为样本数，经计算 $F=18.74$，当 $\alpha=0.05$，$r_\alpha=0.52$，则 $F_a=3.52$。很显然，$F>F_\alpha$，所以回归方程是显著的，可以用来预测南海夏季风爆发。

　　（3）2011—2012 年南海夏季风爆发预测

　　应用上述建立的多元回归方程，对 2012 年南海夏季风爆发进行预测（见图 5.3－5）。从图中可以看到，1991—2010 年预测的季风爆发的时间与实际季风爆发的时间非常吻合，从回归方程的预报来看，2011 年南海夏季风爆发为正常，2012 年将会出现偏晚 1～2 候。

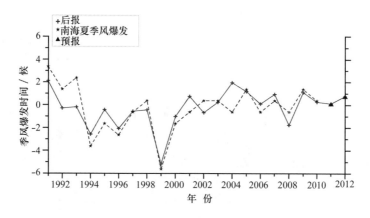

图 5.3 – 5   2011 年和 2012 年南海夏季风爆发的预测

5.3.2 印度洋区域海气热通量变化对南海夏季风爆发的影响

印度洋位于亚洲大陆的西南面，在地理位置方面与太平洋是同等重要的。陶诗言和张庆云（1998）曾指出，影响亚洲冬夏季风的更直接因素可能来自印度洋。陈隆勋等（1991）对东亚夏季风的研究指出，在夏季低空流场，南半球东风和北半球热带西风带之间的 3 条跨赤道气流维持东亚季风起着重要的作用，值得注意的是，这 3 条跨赤道气流都经过印度洋，因此印度洋对东亚夏季风环流的影响是不容忽视的。以往关于印度洋对南海夏季风爆发的影响都限于从印度洋的海温场出发，我们知道海气热通量的变化（尤其是潜热通量的变化）是海温变化的直接影响因子，因此本节将从海气热通量出发研究海气热通量变化与南海夏季风爆发之间的关系，以期对南海夏季风爆发及预测提供参考。

5.3.2.1 印度洋海气热通量与南海夏季风爆发的相关关系

为了研究印度洋区域海气热通量与南海夏季风爆发指数之间的关系，对二者进行时滞相关分析。结果表明，南海夏季风爆发时间与印度洋海气潜热通量之间存在显著的相关关系，其最佳相关场出现在海气潜热通量超前南海夏季风爆发 3 年 5 月份的北印度洋区域。图 5.3 – 6 是南海夏季风爆发与北印度洋海气热通量的最佳相关场，由图可以看出，除了近印度半岛周围出现弱的负相关外，赤道以北印度洋海区均为正相关，最大相关出现在印度半岛外侧以南的区域，阴影区域为大于信度 95% 的相关区最大相关系数为 0.7 以上，超过 99.9% 的信度检验。这一结果说明，当北印度洋区域海气热通量 5 月份提供的海气热通量较常年偏多时，3 年后的南海夏季风爆发时间将出现偏晚的趋势；当北印度洋区域 5 月份提供的海气热通量较常年偏少时，3 年后的南海夏季风爆发时间将出现偏早的趋势。

5.3.2.2 印度洋区海气热通量与南海夏季风爆发相关关系机制探讨

由上述统计分析认为，南海夏季风爆发与北印度洋海气热通量存在密切相关关系。为了重点探讨北印度洋区域潜热通量异常偏多或偏少时，南海夏季风爆发期间的大气

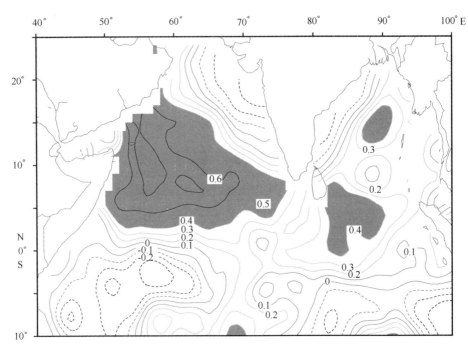

图 5.3-6　卫星反演的北印度洋区域海气潜热通量与南海夏季风爆发的最佳相关场
（潜热通量时间长度 1988—2007 年，阴影区是相关系数超过 95% 信度）

环流的异常变化特点，提取了较常年偏多年份（1990、1998、2001 和 2004 年 5 月份）和较常年偏少年份（1991、1994、1996 和 2005 年 5 月份）的潜热通量，以及后期（1993、2001、2004、2007 和 1994、1997、1999、2008）850 hPa 异常流场和高度场进行合成分析。图 5.3-7 是 5 月份北印度洋海气热通量偏多（a）偏少（b）年以及后期 5 月份的 850 hPa 异常流场和高度场（c，d）。由图可以看出，在北印度洋区域海气潜热通量异常偏多年中，北印度洋区域基本为正距平，只有阿拉伯海北部出现一弱的负距平，最大正距平出现在北印度洋西部区域，该区域恰好是潜热通量与南海夏季风爆发时间最大相关的区域。由此可以说明，北印度洋区域异常潜热通量对南海夏季风爆发的影响主要取决于北印度洋的西部区域的潜热通量变化。图 5.3-7c 是对应于异常偏多海气潜热通量后期的低层大气环流变化。从图中可以看出，在 850 hPa 环流场中，南海区域为一反气旋环流，该区域 850 hPa 高度场异常偏高，这种环流形式和高度场异常会影响东亚夏季风系统的发展，使得南海夏季风爆发偏晚，这一结果与南海夏季风爆发机制相一致（陈隆勋等，2002）。

　　图 5.3-7b 是北印度洋区域海气潜热通量异常偏少年的合成图，由图可以看出，整个北印度洋均为负距平，最大负距平仍然出现在北印度洋区域的西部和东部。由相对应的大气环流场（图 5.3-7d）来看，与图 5.3-7c 存在明显的差异，在 20°N 以南，南海-东印度洋区域基本为偏西南风距平控制，南海区域形成一气旋式环流，对应的区域以及东亚大陆（日本一带）850 hPa 高度场为显著的负距平，这种环流形势有利于东亚夏季风系统的发展，将会导致南海夏季风爆发偏早（陈隆勋等，2006）。

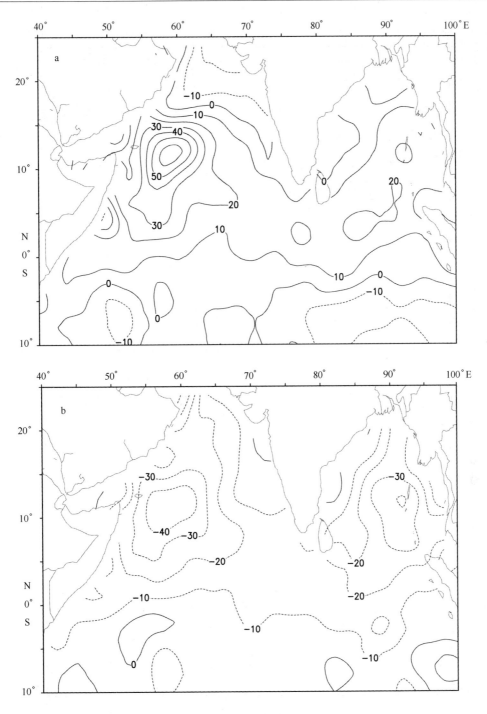

图 5.3 -7（接下页）

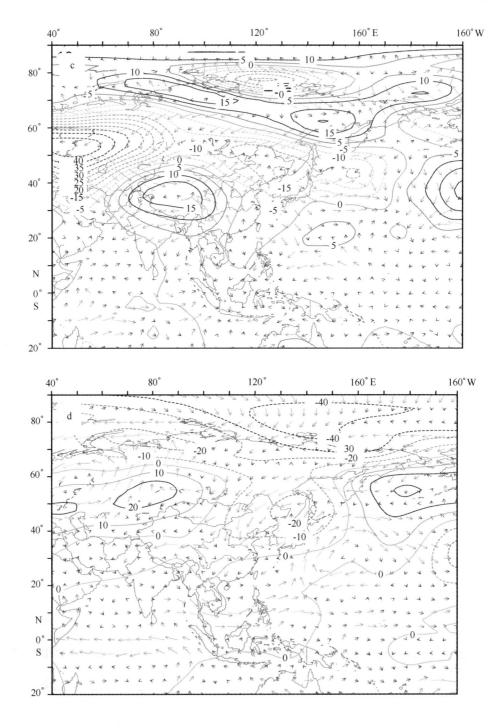

图5.3-7　北印度洋潜热通量（W/m²）偏多（a）、偏少（b）年份
对应的3年以后850 hPa异常流场和高度场（c）、（d）

研究指出，热带印度洋海温异常的一个主要的模态是春季最强的全区一致型海温变化，袁媛等（2009）指出这种海温模态对维持 ENSO 对第 2 年南海夏季风爆发的影响起到了重要的传递作用，梁肇宁等（2006）指出在去除或者不去除 ENSO 影响的情况下，全区一致型的海温异常分布都对南海夏季风建立迟早起着重要作用。另一个是东西海温反向变化的偶极型模态，这一模态可能导致印度洋及邻近地区的气候异常（Saji et al.，1999），大量研究表明印度洋偶极子对东亚季风区天气气候影响显著（晏红明等，2000；Behera and Yamagata，2001；闫晓勇和张铭，2004）。上述分析结果表明，前期 5 月份北印度洋区域海气潜热通量的异常偏多（少）会对后期大气环流异常场具有较明显的影响，进而影响南海夏季风的爆发时间。它们之间存在 3 年的时滞时间。我们推测这其中的物理机制可能与印度洋区域海温的全区一致的海温变化模态与印度洋偶极子模态有很大关系。

5.3.2.3　南海夏季风爆发预测

从上述分析我们可以知道，北印度洋区域海气潜热通量与南海夏季风爆发之间存在非常好的正相关关系，最佳相关场位于潜热通量超前南海夏季风爆发 3 年的 5 月份。为了反映北印度洋区域海气潜热通量与南海夏季风的关系，给出了 5 月份北印度洋区域平均海气热通量异常与 3 年后的南海夏季风爆发早晚的对应变化图。海气潜热通量从 1988 到 2007 年，对应地南海夏季风爆发从 1991 到 2010 年，从图上可以简单地看出，在 1988—2007 年共 20 年中，南海夏季风爆发偏晚时对应热通量偏多的年份有 8 年，南海夏季风爆发偏早对应热通量偏少的年份也有 8 年，占总样本的 80%（图 5.3 - 8）。我们希望利用这种显著的统计关系，来对南海夏季风爆发进行预测。

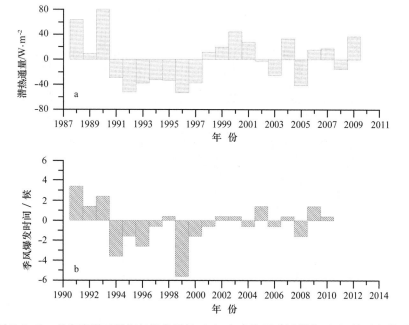

图 5.3 - 8　北印度洋区域海气潜热通量（a）与南海夏季风爆发（b）的对应关系

根据上述分析，北印度洋海气潜热通量与南海夏季风爆发存在密切联系，即南海夏季风爆发与超前 3 年 5 月份的北印度洋区域海气潜热通量之间存在正相关关系。我们对它们两者之间关系采用回归分析方法，建立了它们二者之间的预报方程。

（1）回归方程的建立：

$$Y_j = 0.04X_i - 0.306 \tag{5.3-3}$$

式中，X 是自变量，北印度洋海气热通量；Y 是因变量，南海夏季风爆发时间；i, j 分别表示 1988—2007 年北印度洋 5 月潜热通量异常、1991—2010 年南海夏季风爆发时间。回归系数利用最小二乘法确定。

（2）回归方程的显著性检验

针对建立的回归方程是否具有良好的预报性能，需要进行回归方程的显著性检验。

根据 F 分布可以检验回归方程的是否具有显著性。

$$F = \frac{r^2}{(1 - r^2)/(n - 2)} \tag{5.3-4}$$

由上述公式可知，$F = 22.84$。查算在 $\alpha = 0.05$，分子自由度为 1，分母自由度为 19 时，$F_\alpha = 4.38$，显然 $F > F_\alpha$，由此可以认为建立的回归方程是显著的，可以用来进行南海季风的预测。

（3）2011—2012 年南海夏季风爆发预测

应用上述建立的回归方程，对 2011—2012 年南海夏季风爆发进行预测（图 5.3-9）。从图中可以看出，2011 年南海夏季风爆发基本是正常偏早 1 候；2012 年将会出现偏晚 1~2 候。

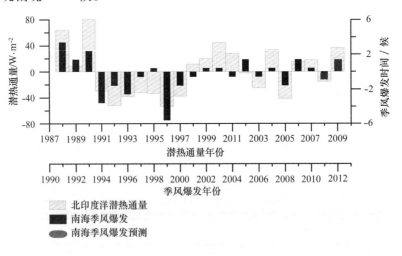

图 5.3-9　2011 年和 2012 年南海夏季风爆发的预测

5.3.3　赤道印度洋海气热通量与南海夏季风爆发的关系

本节将从海气相互作用中贡献较大的潜热通量变化入手，重点分析热带印度洋区域潜热通量变化与南海夏季风爆发之间的关系，弄清潜热通量变化是否对南海夏季风的爆发有影响，探讨它们之间的影响机制，为我国夏季风爆发和汛期降水预测提供参考。

5.3.3.1　热带印度洋潜热通量与南海夏季风爆发的关系

我们分析了潜热通量与南海夏季风爆发时间的关系，结果表明，南海夏季风的爆发与前冬热带印度洋潜热通量的变化存在密切关系，特别是当年2月份的潜热通量与南海夏季风爆发之间存在显著的相关关系。图5.3-10是2月份印度洋潜热通量与南海夏季风爆发时间的相关图。由图可以清楚地看出，2月份热带印度洋潜热通量与南海夏季风的爆发存在显著的正相关关系，并且有两个相关的极大值区域，分别位于孟加拉湾和阿拉伯海以南和赤道以北的热带印度洋区域。最大相关系数超过0.6，通过了99%的置信度检验。这一结果表明，2月份热带印度洋区域潜热通量与南海夏季风的爆发时间存在一定的内在联系。

为了更直观的了解热带印度洋区域潜热通量与南海夏季风爆发时间的对应关系，选取了最佳相关场（即图5.3-10中两个主要的阴影区）的潜热通量做区域平均，并与南海夏季风爆发时间做了对比（见图5.3-11）。由图可以看出，两个变量基本为同位相变化。20世纪80年代后期到90年代初（1988—1993年）潜热通量基本为正常或偏多年份，所对应的南海夏季风爆发基本为正常或偏晚。自90年代中期到21世纪初（1994—2001年），潜热通量基本为偏少年份，所对应的南海夏季风爆发呈现偏早的趋势。21世纪初至今，潜热通量的变化呈正负波动的分布状态，在正距平情况下，对应的南海夏季风爆发是偏晚的，而在负距平情况下，对应的南海夏季风爆发是偏早的。总体来看，当2月份热带印度洋潜热通量偏强时，对应的当年南海夏季风爆发会偏晚；而2月份热带印度洋潜热通量偏弱时，对应的当年南海夏季风爆发会偏早（当然有个别年份例外）。进一步对这两个变量的时间序列进行相关分析发现，二者的相关系数高达0.82（样本数 $n=22$ ），远远超过99.9%的置信度检验。

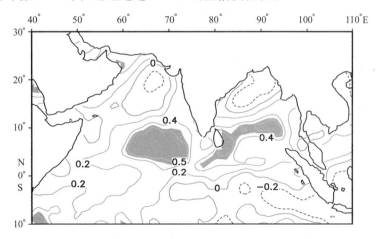

图5.3-10　2月份印度洋潜热通量与当年南海夏季风爆发时间的
相关场（阴影区通过95%置信度检验）

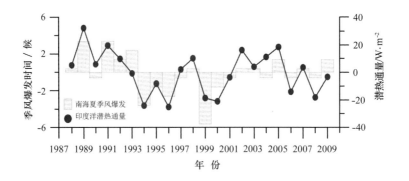

图 5.3 - 11　南海季风爆发时间距平序列和 2 月份热带印度洋潜热通量距平变化曲线

（季风爆发正值表示爆发晚，潜热通量正值表示海洋向大气释放热量）

5.3.3.2　热带印度洋潜热通量影响南海夏季风爆发的机理

上述研究表明，南海夏季风爆发早晚与前期 2 月份的热带印度洋潜热通量变化有很好的相关关系，那么二者之间的影响机理是什么呢？已有研究表明，潜热加热可以影响高度场的变化，例如，吴国雄等（2000）研究指出，印度洋区域的海温异常通过潜热加热适应可以影响副热带高压的强度变化，而刘屹岷等（2001）通过数值试验给出了北印度洋区域的潜热加热影响副热带高压的物理解释。周兵等（2006）利用数值研究指出，孟加拉湾对流加热增强可使副热带高压增强，位置偏北，反之，孟加拉湾加热减弱可使副热带高压减弱偏南。这些研究都是基于夏季的大气环流背景场，那么冬春季节的潜热通量与副高有怎样的联系呢？我们分析了 2 月份热带印度洋潜热通量与 2、3、4 月份 850 hPa 高度场的相关关系（见图 5.3 - 12），结果表明，二者有显著的正相关关系。从图 5.3 - 12 可以看出，2 月份最佳相关区域主要位于热带印度洋区域，而 3 月份，最佳相关区域向北移动到副热带区域，到 4 月份，最佳相关区域移到南海上空，与西太平洋副热带高压所在区域基本一致。

我们知道，海洋向大气释放的潜热通量是以水汽的形式进入大气的，而分析表明，2 月份热带印度洋区域呈现弱的上升气流（见图 5.3 - 13），这样海洋向大气释放的水汽在上升过程中凝结可形成对流加热，进而影响高度场的变化。由此可以推断，2 月份热带印度洋区域的潜热通量变化通过影响大气环流的变化，可以影响 4 月份西太平洋副高的强弱，最终影响南海夏季风的爆发早晚。即当 2 月份热带印度洋潜热通量异常偏大时，向大气输送的热量多，通过大气环流的作用使得 4 月份西太平洋副热带高压偏强，这样使得南海夏季风爆发偏晚。反之相反。

我们进一步对南海夏季风爆发早、晚年的大气环流变化进行了合成分析（见图 5.3 - 14、图 5.3 - 15），结果表明，在南海季风爆发晚年，热带印度洋、孟加拉湾和南海区域的 850 hPa 高度场在 2—4 月都呈现正异常，而在南海季风爆发早年，上述区域的 850 hPa 高度场在 2—4 月则都呈现明显的负异常。风场与高度场的异常分布相对应，在南海季风爆发晚年，2—4 月份热带印度洋和孟加拉湾区域都是东风异常，这样就阻止西南气流到达南海，南海夏季风爆发晚；而在南海季风爆发早年，热带印度洋在 2 月份就呈现出显著的西风异常，并且异常西风不断加强，到 3 月份，包括孟加拉湾东部沿岸的广大区域都被异常西风所控制，到 4 月份，异常西风强度明显增大，南海夏季风爆发早。

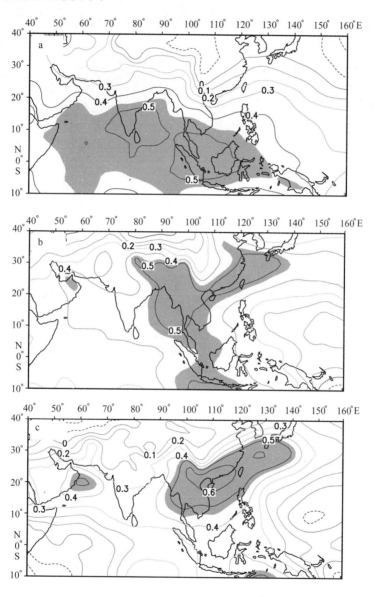

图 5.3 - 12　热带印度洋 2 月份潜热通量与 2 月（a）、
3 月（b）、4 月（c）月 850 hPa 高度场相关
（阴影区通过 95% 置信度检验）

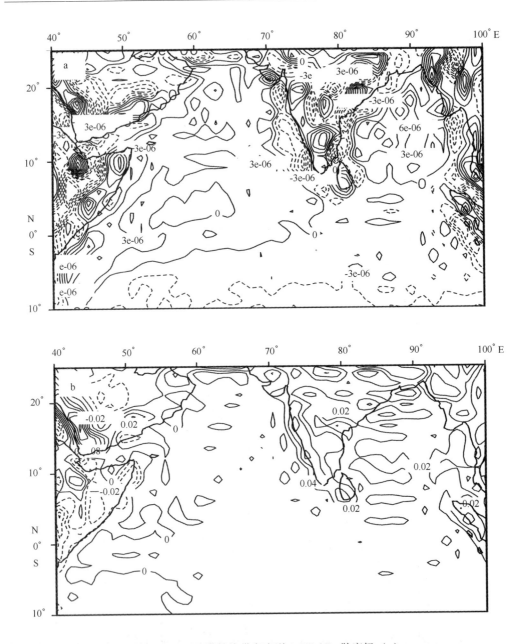

图 5.3 – 13　2 月份热带印度洋 1 000 hPa 散度场（a）
和垂直风速（m/s）（b）气候分布

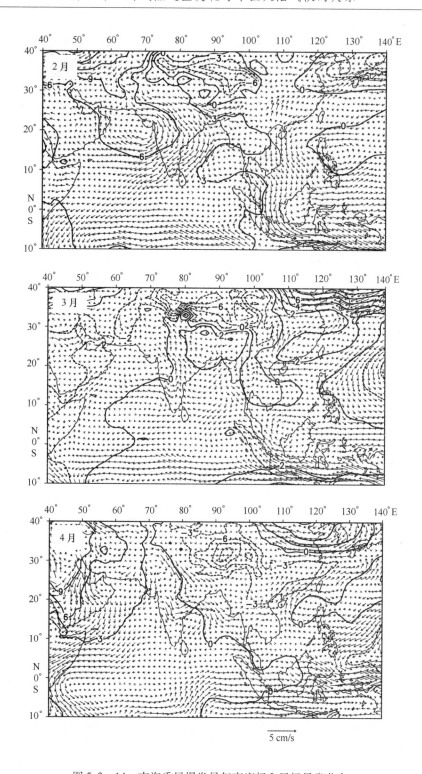

图 5.3 - 14 南海季风爆发早年高度场和风场异常分布

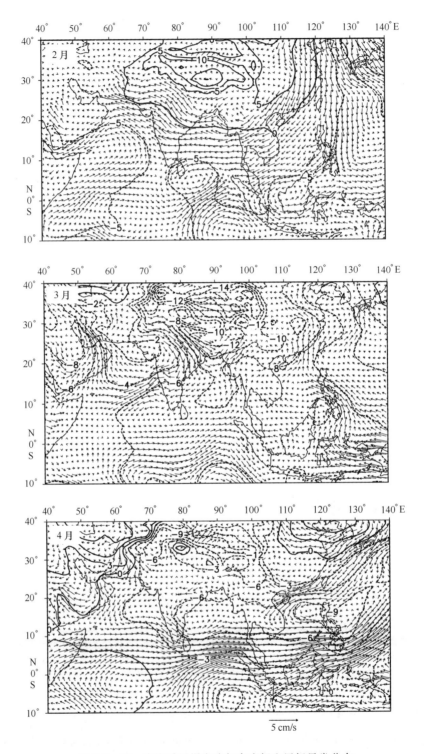

图 5.3 - 15　南海季风爆发晚年高度场和风场异常分布

5.3.3.3　结论

分析表明，2 月份热带印度洋区域的潜热通量与南海夏季风爆发早晚有显著的正相关关系，最大相关通过了 99% 的置信度检验。热带印度洋潜热通量变化的时间序列与南海夏季风爆发早晚有很好的对应关系，20 世纪 80 年代末 90 年代初，潜热通量为正异常，对应的南海夏季风爆发晚；90 年代中后期潜热通量为负异常，对应的南海夏季风爆发早；21 世纪时潜热通量呈正负小幅振荡，对应的南海夏季风爆发早晚也交替出现。总之，2 月份热带印度洋潜热通量变化对南海夏季风爆发有明显的影响作用，具体过程为，2 月份热带印度洋的潜热通量偏多时，可通过对流凝结加热影响大气环流的变化，使 4—5 月份副热带高压偏强，从而使得南海夏季风的爆发偏晚；反之相反。这一结果仅仅是从统计分析的方法得到的，下一步还需要利用数值模拟来对其影响过程进行验证。

5.3.4　南印度洋海气热通量与南海夏季风爆发的关系

由第 2 章第 3 节分析可知，南印度洋海气热通量变化是研究海区最大的区域，因此，它的变化可能会对大气环流产生重要影响，尤其是可以通过越赤道气流影响东亚夏季风的爆发，进而影响我国汛期降水分布。已有的研究表明，南半球澳大利亚和马斯克林高压对北半球的夏季风以及季风降水均有重要影响（施能和朱乾根，1995；薛峰等，2003）。其影响过程主要通过越赤道气流进而对东亚夏季风及其降水产生影响。由此，我们可以想象，既然南半球环流可以影响东亚夏季风及其降水，那么，海气热通量是影响低空大气环流的重要机理，所以可以肯定地讲，南半球澳大利亚以西的马斯克林高压（南半球副热带高压）的变化无疑会受到海气热通量的影响。因此，本节将重点分析南印度洋热通量与南海夏季风爆发以及大气环流之间的关系，以期为南海夏季风爆发和我国汛期降水的深入研究和预测提供参考。

5.3.4.1　南印度洋海气热通量与南海夏季风爆发的关系

为了揭示南印度洋海气热通量与南海夏季风爆发之间的内在联系，对 1988—2012 年逐月感热和潜热通量与南海夏季风爆发进行相关分析。图 5.3 – 16 是 4 月南印度洋感热通量和潜热通量与南海夏季风爆发的相关场。由图可以看出，位于南印度洋（12°～24°S，55°～70°E）的潜热通量与南海夏季风爆发之间存在密切的关系，最大相关系数可达 0.8，已超过 99.9% 信度检验。同样，感热通量也有类似潜热通量一样的特性，最大相关系数也达 0.7。

为了更清楚南印度洋海气热通量与南海夏季风爆发之间的关系，选取了相关显著的区域（20°～25°S，60°～65°E）平均值代表南印度洋的海气热通量异常变化，与南海夏季风爆发时间之间进行了相关分析，结果表明，它们之间的相关关系非常密切，相关系数 $r = 0.70$，$n = 25$，已远远超过了 99.9% 信度检验。图 5.3 – 17 是二者的多年变化曲线图。由图可知，它们二者之间存在同位相的相关关系，当 4 月南印度洋潜热通量出现较常年偏多（少）时，当年南海夏季风爆发将会出现偏晚（早）的趋势。

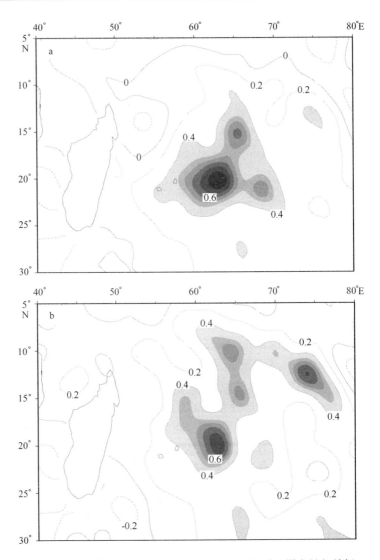

图 5.3 - 16　4 月南印度洋海气热通量与南海夏季风爆发的相关场

a. 潜热通量；b. 感热通量

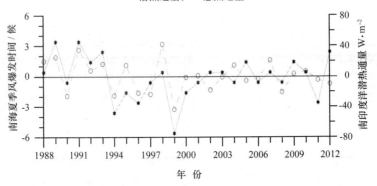

图 5.3 - 17　4 月南印度洋潜热通量（虚线）与南海夏季风爆发时间（实线）变化

5.3.4.2　南印度洋海气热通量与南海夏季风爆发的内在联系

　　由研究表明，南海夏季风爆发多年平均时间是在 5 月 4 候（何金海等，1996；何有海等，2003；陈隆勋等，1991，2002，2006），它的爆发反映了气候由冬向夏季转换的开始。南海夏季风爆发的主要机理是由于太阳辐射变化导致海陆温差的变化。主要体现在北印度洋索马里、南海南部等出现明显的越赤道气流，南海监测区内由偏东风转为偏西风。且稳定持续 2 周以上，此时伴随副热带高压撤出南海。南海区域 Hadley 环流低层为北向流，高空为南向流。这种状态下被确定为南海夏季风爆发。可以肯定的说，在南海夏季风爆发过程中，越赤道气流的出现是关键因子，因此，跨越赤道的南半球气流携带的热量和水汽多少是直接影响南海夏季风爆发的重要机理。

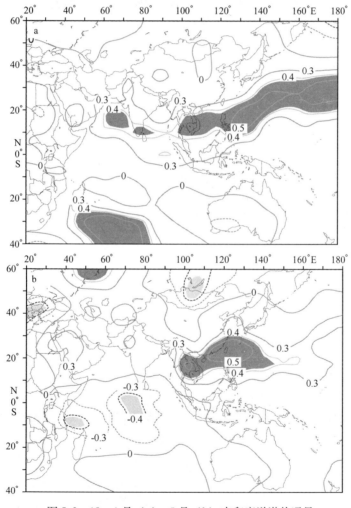

图 5.3 - 18　4 月（a）、5 月（b）南印度洋潜热通量
与 850 hPa 高度相关场

　　由上节分析结果表明，南印度洋海气热通量与南海夏季风爆发之间存在密切关系，那么这种关系的纽带无疑是通过大气环流来实现的。为此，采用南印度洋海气热通量

与中低层大气环流进行相关分析，试图提供它们之间的内在联系或机理。图 5.3 - 18 是南印度洋潜热通量与 850 hPa 位势高度相关场。图 5.3 - 18a 是 4 月南印度洋潜热通量与同期 850 hPa 位势高度相关场，由图可以看出，南印度洋潜热通量异常变化与北印度洋 - 南海 - 西北太平洋一带的 850 hPa 高度场存在密切关系，这种关系表明，当南印度洋潜热通量出现偏多（少）时，北半球东南亚区域低层 850 hPa 位势高度场会出现异常偏高（低），这种气压形势不利于南海夏季风爆发。图 5.3 - 18b 是 4 月南印度洋潜热通量与 5 月 850 hPa 位势高度相关场。由图可以看出，南印度洋潜热通量时滞 1 个月对中南半岛 - 南海一带的低层大气环流产生重要影响，更重要的是 5 月恰好是南海夏季风爆发月，因此，中南半岛 - 南海一带的低空气压场异常变化是南海夏季风爆发的重要前提。

　　图 5.3 - 19 是 4 月南印度洋潜热通量与 500 hPa 位势高度相关场。图 5.3 - 19a，b，c，d 分别是它们之间的同期相关，以及 500 hPa 位势高度迟后 1、2、3 个月的相关场。可以看出，南印度洋潜热通量与 500 hPa 位势高度场的相关性要比 850 hPa 位势高度场要好

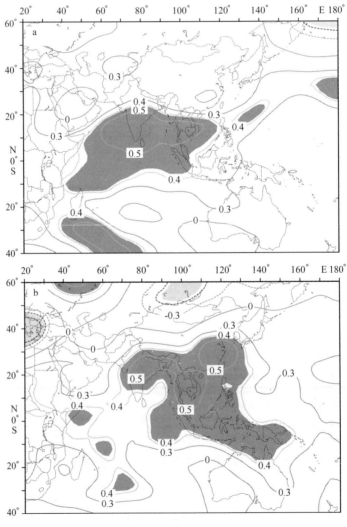

图 5.3 - 19（接下页）

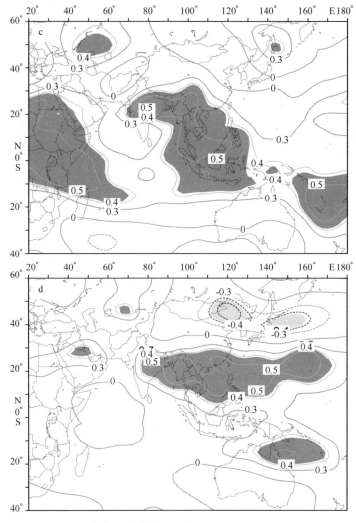

图 5.3 - 19　南印度洋潜热通量与 4 月（a）、迟后 1 个月（b）、
迟后 2 个月（c）、迟后 3 个月（d）500 hPa 高度相关场

一些，无论从相关区域还是滞后的影响时间都要优于对 850 hPa 的影响。尤其是后者，南
印度洋潜热通量可以对滞后 3 个月的 500 hPa 高度场都具有显著的影响。这种关系对预测
有较好的实用性。

5.3.5　结论

（1）由上述分析可知，西太平洋暖池区域的海气感热和潜热通量与南海夏季风爆
发早晚之间存在非常显著的正的相关关系，最佳相关出现在海气热通量超前南海夏季
风爆发 3 年的 4 月份。当西太平洋暖池区域 4 月份提供海气热通量较常年偏多时，3 年
后的南海夏季风爆发时间将会出现偏晚的趋势；当西太平洋暖池区域 4 月份海气热通
量提供较常年偏少时，3 年后的南海夏季风爆发时间将会出现偏早趋势。这一相关关

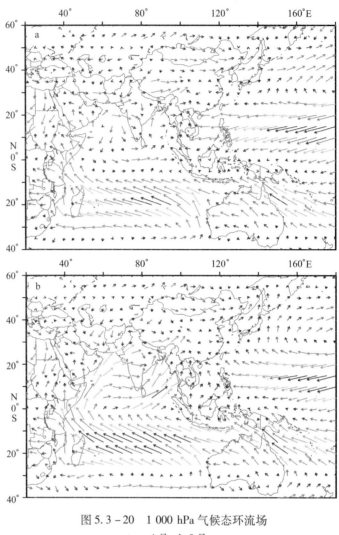

图 5.3 - 20　1 000 hPa 气候态环流场
a.4 月；b.5 月

系，可能与 ENSO 过程有一定的关系。

利用西太平洋暖池区域海气热通量与南海夏季风爆发之间的相关关系，通过多元回归分析，建立了多元回归方程，对 2011 年和 2012 年的南海夏季风爆发早晚进行了预测，其结果显示：2011 年南海夏季风爆发基本为正常，实际爆发时间偏早 2 候；2012年将会出现偏晚 1～2 候，实际爆发时间偏晚 1 候，预报效果良好。

（2）北印度洋区域的海气潜热通量与南海夏季风爆发早晚之间也存在非常显著的正的相关关系，最佳相关出现在海气热通量超前南海夏季风爆发 3 年的 5 月。当北印度洋区域海气热通量 5 月份提供的海气热通量较常年偏多时，3 年后的南海夏季风爆发时间将出现偏晚的趋势；当北印度洋区域 5 月份提供的海气热通量较常年偏少热量时，3 年后的南海夏季风爆发时间将出现偏早的趋势。这一相关关系，我们推测与全区一致性的海温变化和东西海温反向变化的偶极型模态有关，但其物理机制还需要进一步深入研究。

利用北印度洋区域海气潜热通量与南海夏季风爆发之间的相关关系，通过回归分析，建立了一元回归方程，对 2011 年和 2012 年的南海夏季风爆发早晚进行了预测，结果显示 2011 年南海夏季风爆发基本是正常偏早 1 候，实际爆发时间偏早 2 候；2012 年将会出现偏晚 1~2 候，实际爆发偏晚 1 候，预测结果基本一致。

（3）2 月份赤道印度洋区域的潜热通量与南海夏季风爆发早晚存在显著的正相关关系，最大相关通过了 99% 的置信度检验。热带印度洋潜热通量变化的时间序列与南海夏季风爆发早晚有很好的对应关系，20 世纪 80 年代末 90 年代初，潜热通量为正异常，对应的南海夏季风爆发晚；90 年代中后期潜热通量为负异常，对应的南海夏季风爆发早；21 世纪时潜热通量呈正负小幅振荡，对应的南海夏季风爆发早晚也交替出现。总之，2 月份热带印度洋潜热通量变化对南海夏季风爆发有明显的影响作用，具体过程为，2 月份热带印度洋的潜热通量偏多时，可通过对流凝结加热影响大气环流的变化，使 4—5 月份副热带高压偏强，从而使得南海夏季风的爆发偏晚；反之亦然。这一结果仅是由统计分析得到，还需要数值模拟来对其影响过程进行验证。

（4）南印度洋海气热通量异常变化对南海夏季风爆发存在密切关系，这种关系可以作为南海夏季风爆发预测的指标。4—5 月正是南海夏季风爆发前夕，最佳相关区域恰好位于南半球澳大利亚以西的马斯克林高压区域，由研究表明，马斯克林高压对东亚夏季风和降水存在重要影响。而马斯克林高压影响东亚夏季风及其降水的重要机理是通过越赤道气影响北半球的中低层大气环流来实现的。热通量与南海夏季风爆发时间的最佳相关区正好位于马斯克林高压的北缘，这一位置是南半球气流跨越赤道影响北半球的主要气流来源（见图 5.3 - 20），而受海气热通量影响的马斯克林高压环流是影响南海夏季风爆发重要因子。另外，通过 850 hPa 和 500 hPa 位势高度场的分析，发现南印度洋潜热通量与 850 hPa 和 500 hPa 位势高度场存在密切关系，前者可以保持时滞 1 个月的影响过程，后者则可以保持时滞 3 个月的影响过程。

5.4　海气热通量与位势高度场的关系

5.4.1　黑潮区域潜热通量与高度场的关系

由上节不同海区海气热通量变化与中国汛期降水和气温变化之间的关系可知，海气热通量变化对中国的汛期降水和气温变化存在一定的影响关系。那么热通量影响汛期降水和气温变化的重要途径是通过大气环流异常变化来实现的，因此，本节将重点分析不同海区潜热通量与大气环流之间的关系，以期为我国汛期降水和气温变化的深入研究和预测提供参考。

5.4.1.1　黑潮区域潜热通量与 500 hPa 位势高度场的关系

我们知道黑潮区域常年以高温的形势源源不断由热带向中高纬度提供热量，它的变化对我国气候变化具有重要影响（陈锦年，1986a；Chen et al.，2013），其重要机理是通过海气界面热通量向大气提供热量和水汽，进而影响高低空大气环流来完成的。为了更加深入了解黑潮区域热通量变化与高空环流形势之间的关系，我们分析了黑潮区域逐月潜热通量与同期 500 hPa 和 850 hPa 位势高度场之间的关系。从分析结果来看，冬春季黑潮区域潜热通量与 500 hPa 位势高度场存在较好的对应关系，夏秋季节的潜热通量与 500 hPa 高度场关系不密切。这一分析结果表明，黑潮区域潜热通量影响高空大气环流主要是发生在冬春季。图 5.4-1 是 11 月—4 月黑潮区域潜热通量与同期 500 hPa 相关场。

由图可以看出，黑潮区域潜热通量与 500 hPa 高度场存在显著的负相关关系，且主要出现在黑潮区域上空。最佳相关出现在 2—4 月，最大相关系数高达 -0.7 以上，相关信度已超过99.9%。这一分析结果表明，黑潮区域潜热通量变化对 500 hPa 高度场的影响主要是发生在冬季和春季，春季最为显著。

5.4.1.2　黑潮区域潜热通量与 850 hPa 位势高度场的关系

上节分析了黑潮区域潜热通量变化与 500 hPa 位势高度场之间的关系，结果表明，黑潮区域潜热通量与 500 hPa 位势高度场异常变化存在显著的相关关系。为了进一步了解黑潮区域潜热通量变化与低层 850 hPa 位势高度场之间的关系，采用相同的方法，分析了它们之间的相关关系。结果表明，黑潮区域潜热通量与低层 850 hPa 高度场也存在较好的关系（见图 5.4-2）。但比 500 hPa 的关系要偏差。由此可以认为，黑潮区域潜热通量主要对 500 hPa 高度场有重要影响。而对低层 850 hPa 高度场影响偏弱。

5.4.2　南海区域潜热通量与位势高度场的关系

南海区域潜热通量与华南、长江中下游以及华北地区的汛期降水存在密切关系，与华北、东北地区冬季气温也存在显著相关性。在本节给出了南海区域潜热通量与 850 hPa 和 500 hPa 位势高度相关场，为其机理研究提供参考。

5.4.2.1　南海区域潜热通量与 850 hPa 位势高度场的关系

通过分析发现，在多年逐月南海区域潜热通量与 850 hPa 位势高度场的关系中，只有 11 月的潜热通量与 850 hPa 位势高度场的关系存在密切的关系，且还存在显著的滞后效应。图 5.4-3 是 11 月南海区域潜热通量与同期和滞后 5 个月 850 hPa 位势高度相关场，由图可以看出，11 月南海区域潜热通量与 850 hPa 高度场存在较好相关关系，其显著相关性由同期到后者滞后 5 个月。

由相关场可以看出，南海区域潜热通量（11 月）与热带印度洋-南海区域低层气压场存在正的相关关系，而且随着时间的推移，相关区域不断扩大。滞后 4 个月的相关最为显著，相关系数大于等于0.7。这一相关关系表明，当 11 月南海区域潜热通量出现偏多（少）时，从同期到滞后 5 个月，热带印度洋-西太平洋上空 850 hPa 气压场将会出现偏高（低）。这一关系，对于南海夏季风爆发的深入研究和预测具有一定的参考意义。

5.4.2.2　南海区域潜热通量与 500 hPa 位势高度场的关系

上节分析结果表明，南海区域潜热通量变化与 850 hPa 位势高度场存在较好的对应关系，这一结果可以说明，南海区域潜热通量对低空气压场存在一定的贡献。本节采用上节相同的分析方法，重点分析南海区域潜热通量与 500 hPa 位势高度场之间的关系。与 850 hPa 的相关关系相同，11 月南海区域潜热通量与 500 hPa 位势高度场存在较好相关关系，不仅如此，12 月南海区域潜热通量与 500 hPa 位势高度场的关系也存在密切关系。图 5.4-4 是二者同期到滞后 8 个月的相关图。

由南海区域潜热通量变化与 500 hPa 位势高度场的相关分析表明，11 月潜热通量对热带上空气压场从同期到滞后 8 个月均有影响，较 850 hPa 位势高度场的时滞相关显著性要长。

图 5.4-5 是 12 月南海区域潜热通量与 500 hPa 位势高度相关场。由图可知，与图 5.4-4 中 11 月南海区域潜热通量与 500 hPa 位势高度场相关类似，它们之间存在较好的正相关关系，只是影响的滞后时间稍短。当 12 月南海区域潜热通量出现较常年偏多（少）时，同期与滞后 6 个月，热带 500 hPa 位势高度场将会出现异常偏高（低）。

5.4.3　赤道西印度洋潜热通量与 500 hPa 位势高度场的关系

由研究表明，印度洋对东亚夏季风爆发有重要贡献，已引起海洋和气象学者们的关注。为揭示印度洋海气热通量变化对大气环流的贡献，我们对赤道西印度洋潜热通量与 500 hPa 位势高度场进行分析，结果表明，赤道西印度洋潜热通量 3 月潜热通量与同期 - 滞后 2 个月 500 hPa 高度场存在较密切的关系。由图 5.4-6 可知，赤道西印度洋潜热通量与热带印度洋 - 西太平洋一带呈正的相关关系。当 3 月赤道西印度洋潜热通量出现异常偏多（少）时，同期 - 滞后 2 个月 500 hPa 高度场会出现异常偏高（低），尤其是滞后 1~2 个月的 4 和 5 月最为显著，5 月前后正是南海夏季风爆发时间，高空气压场的异常变化会直接影响南海夏季风的建立。

5.4.4　结论

（1）冬春季（11 月—4 月）黑潮区域潜热通量与 500 hPa 位势高度场异常变化的关系最为显著，尤其是春季同期的影响最为明显。由此可以说明，黑潮区域潜热通量对 500 hPa 位势高度场的影响主要发生在冬春季节，其他季节（夏秋季）不明显。由黑潮区域潜热通量与低层 850 hPa 位势高度场的相关分析来看，与中层 500 hPa 位势高度场的相关类似，具有基本相同的相关关系，只是相关程度较 500 hPa 位势高度场稍差一些。

（2）南海区域 11 月份潜热通量异常变化与 850 hPa 位势高度场存在密切关系，而且具有显著的滞后效应。对于 500 hPa 位势高度场来说，不仅 11 月份潜热通量与其存在密切关系，12 月份也具有相同的密切关系。南海区域潜热通量不仅对同期上空气压场存在影响，而且可以对后期数月的气压场产生重要影响。这种关系的揭示，对南海夏季风的爆发早晚以及季风降水的预测具有一定的参考意义。

（3）赤道西印度洋 3 月潜热通量与同期至滞后 2 个月的 500 hPa 位势高度场存在密切关系，当潜热通量出现异常偏多（少）时，同期到滞后 2 个月的 500 hPa 位势高度场将会出现异常偏高（低）。尤其是对 4—5 月高度场的影响，对南海夏季风爆发具有重要影响作用。这一关系可以作为预测南海夏季风爆发的一个指标，对南海夏季风的爆发时间进行预测。对于深入研究南海夏季风爆发机理也具有重要参考价值。

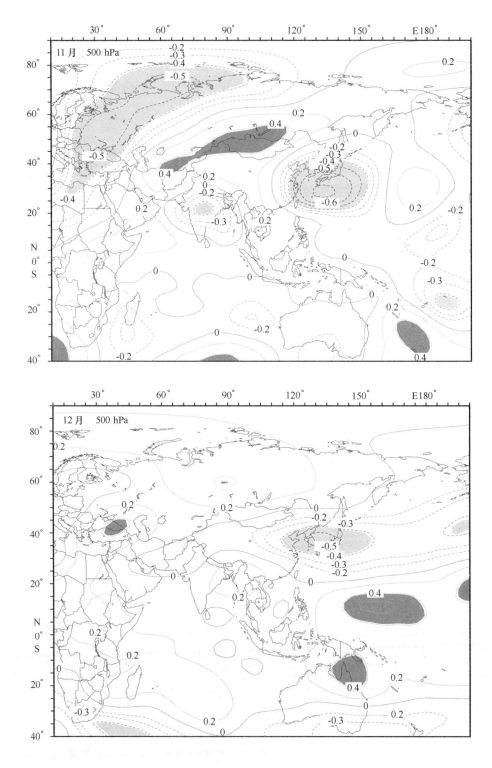

图 5.4 - 1（接下页）

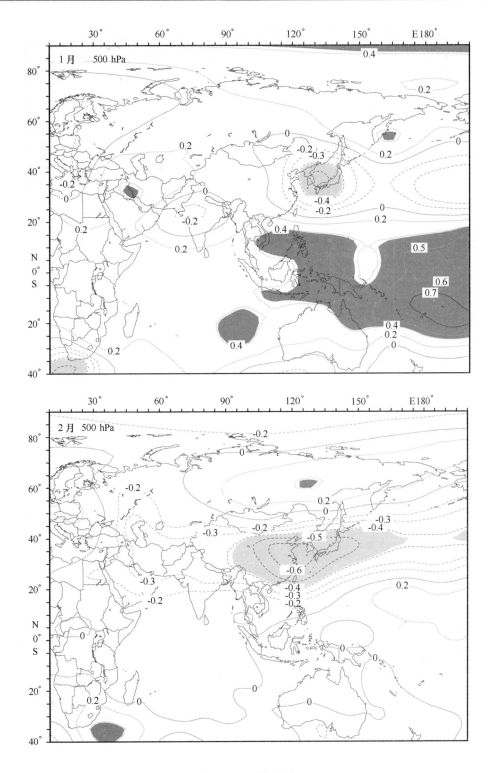

图 5.4 –1（接下页）

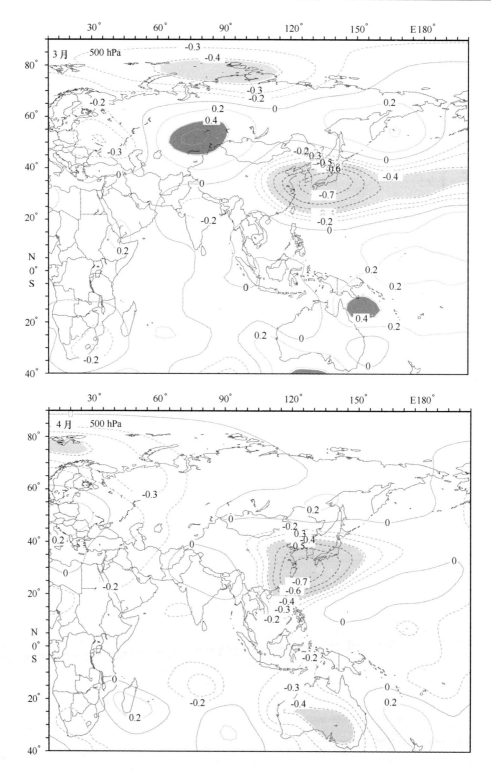

图 5.4 - 1　11 月—4 月黑潮区域潜热通量与同期 500 hPa 相关场

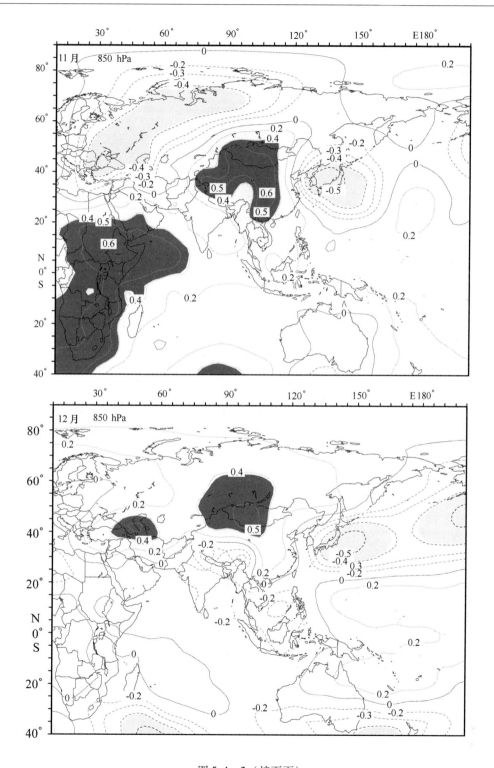

图 5.4 – 2（接下页）

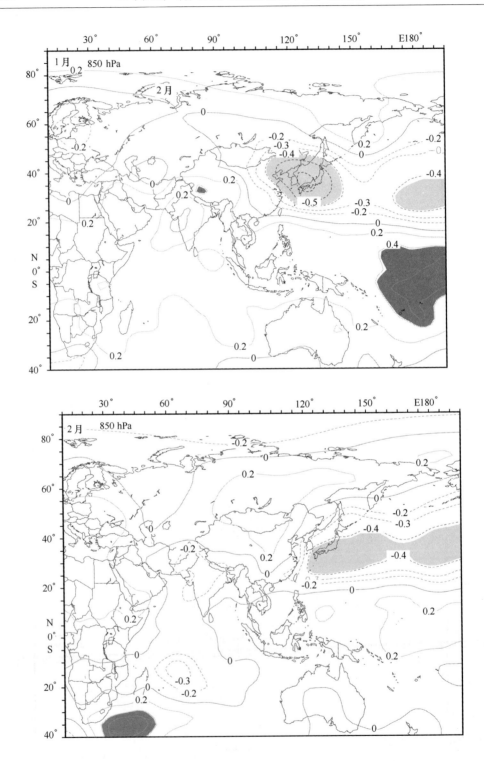

图 5.4 - 2（接下页）

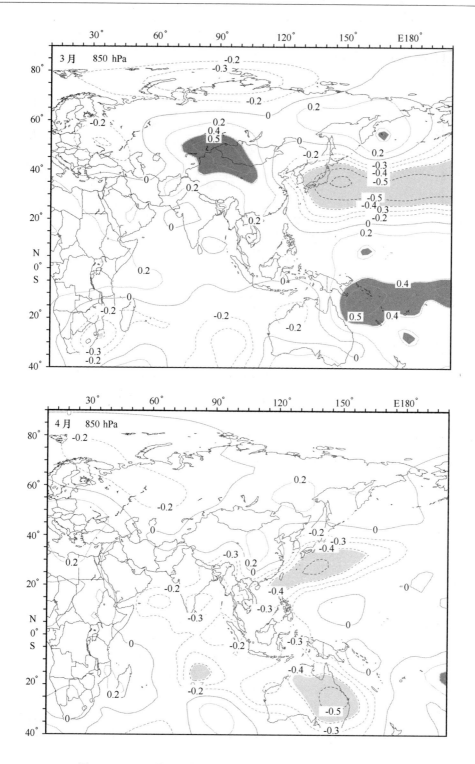

图5.4-2　11月—4月黑潮区域潜热通量与同期850 hPa 相关场

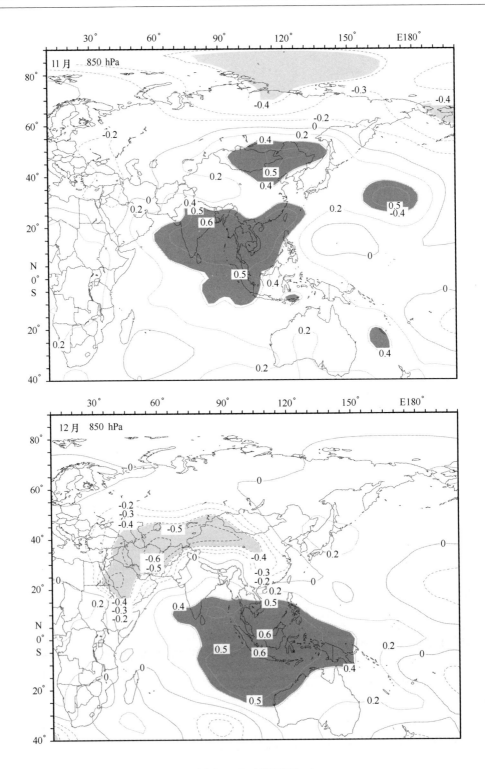

图 5.4 - 3（接下页）

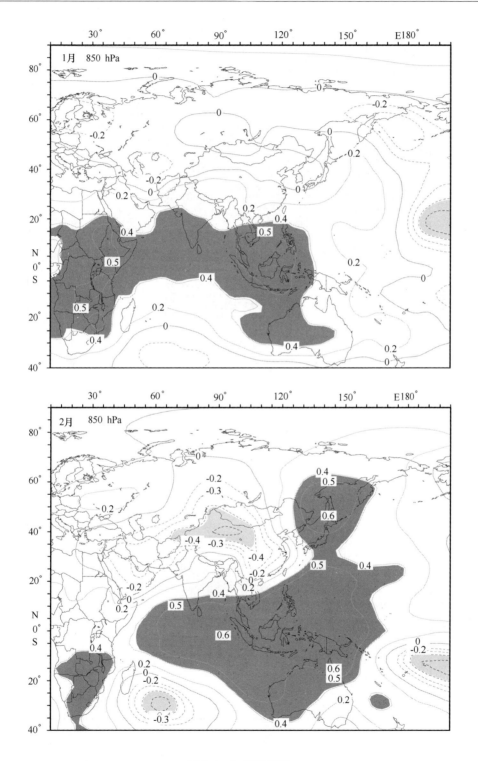

图 5.4 – 3（接下页）

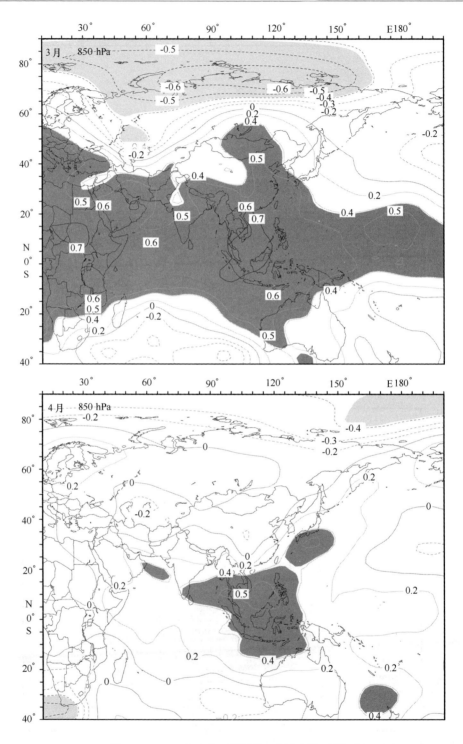

图 5.4 - 3　11 月南海区域潜热通量与同期到滞后
5 个月 850 hPa 位势高度的相关场

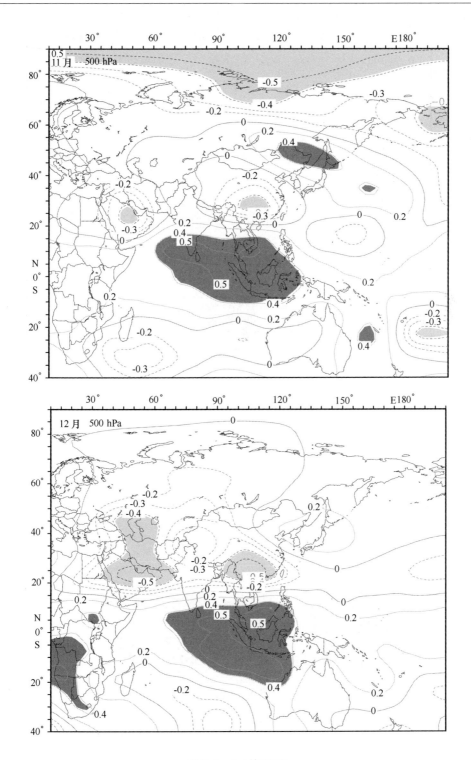

图 5.4 - 4（接下页）

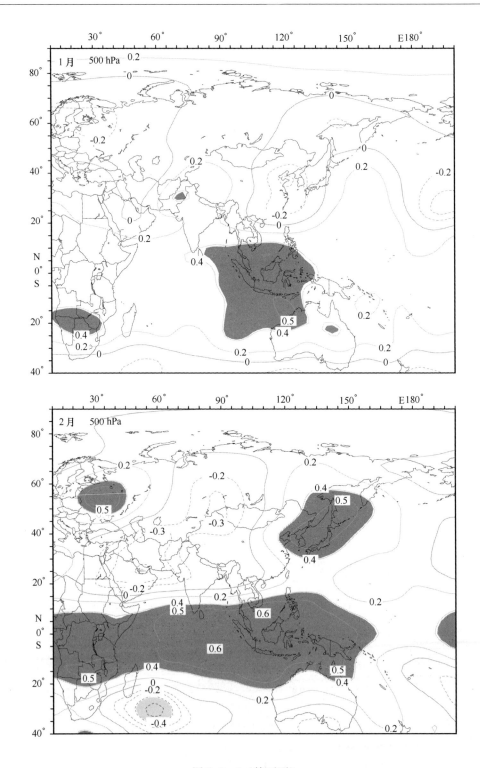

图 5.4 - 4（接下页）

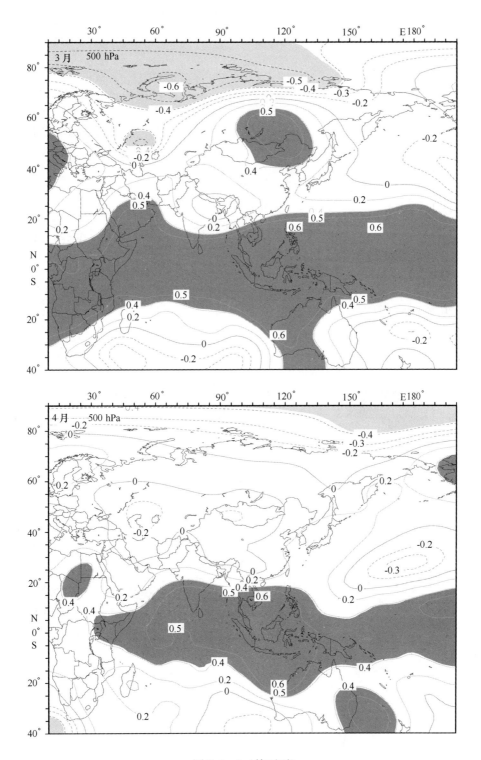

图 5.4 - 4（接下页）

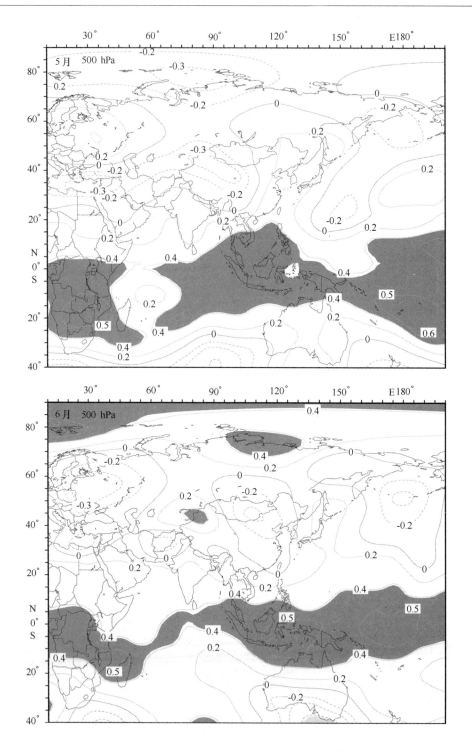

图 5.4－4（接下页）

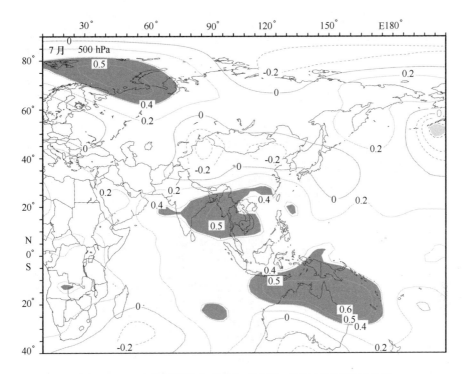

图 5.4 - 4　南海区域潜热通量与 500 hPa 位势高度时滞相关场

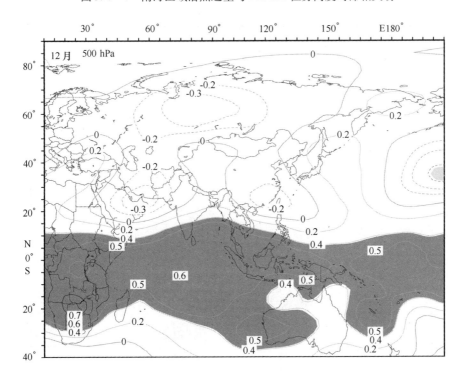

图 5.4 - 5（接下页）

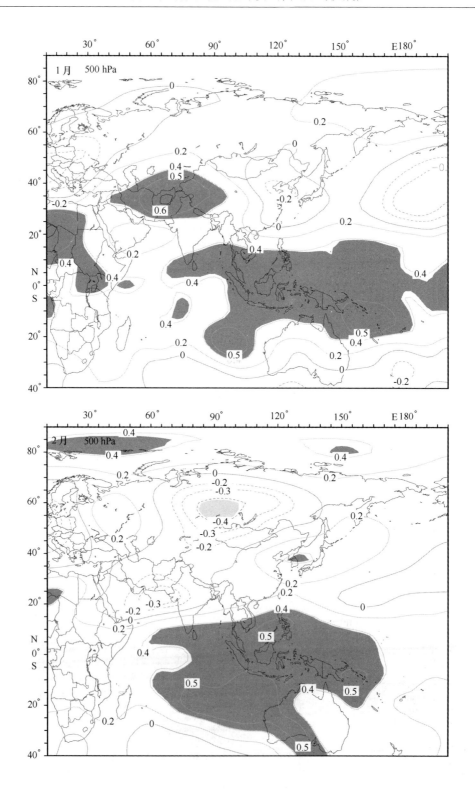

图 5.4 - 5（接下页）

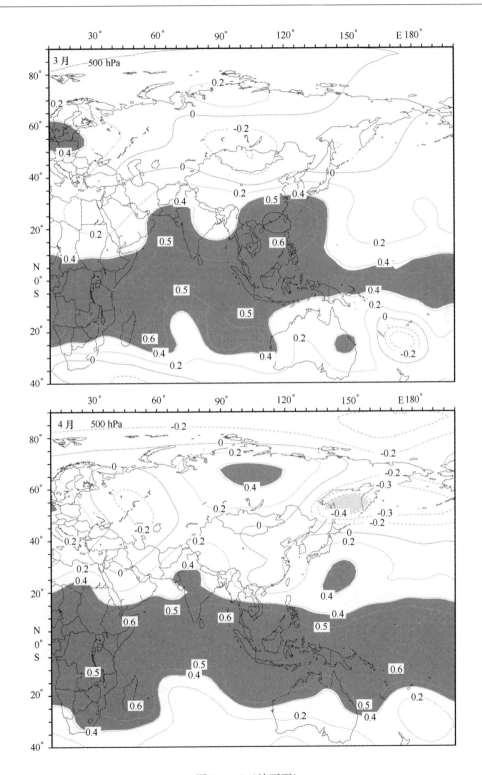

图 5.4 - 5（接下页）

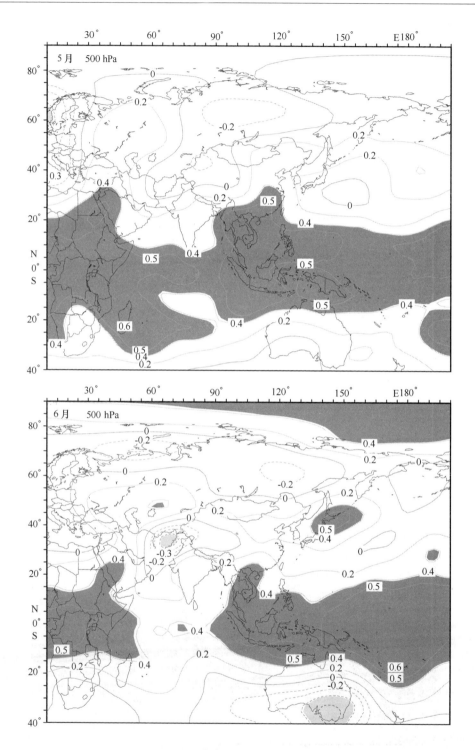

图 5.4 - 5　12 月南海区域潜热通量与 500 hPa 位势高度时滞相关场

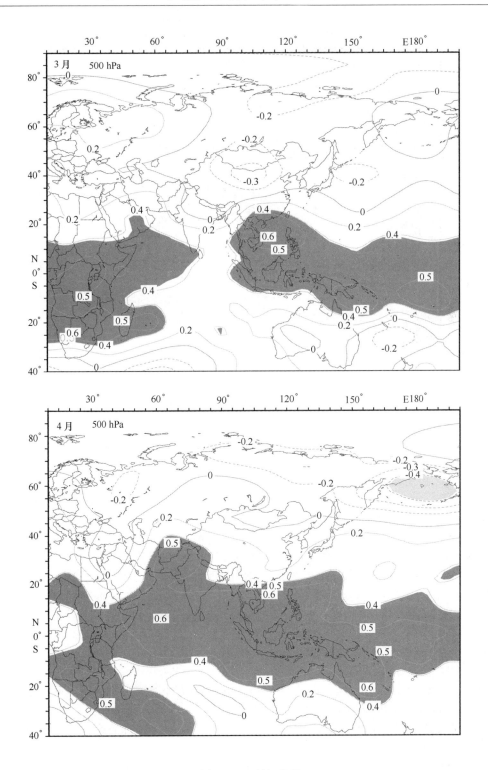

图 5.4 - 6（接下页）

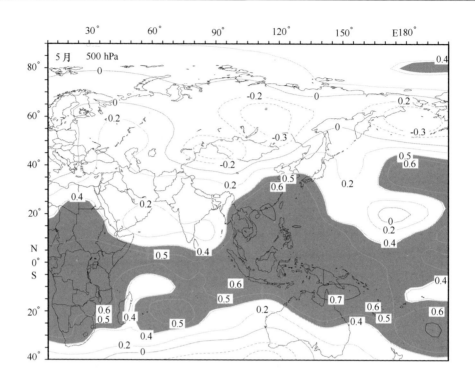

图 5.4 - 6　3 月南海区域潜热通量与 500 hPa 位势高度时滞相关场

参 考 文 献

陈汉耀. 1957. 1954 年长江淮河流域洪水时期的环流特征. 气象学报，28（1）：1 - 11.

陈红，赵思雄. 2004. 海峡两岸及邻近地区暴雨试验期间暴雨过程及环流特征研究. 大气科学，28
　　（1）：32 - 47.

陈锦年. 1986a. 黑潮区域海气热量交换对青岛汛期降水的影响. 海洋湖沼通报（2）：6 - 12.

陈锦年. 1986b. 南海海面热量平衡特性及其对海温场的影响. 海洋湖沼通报（1）：1 - 7.

陈烈庭. 1991. 阿拉伯海 - 南海海温场距平纬向差异对长江中下游降水的影响. 大气科学，15（1）：
　　33 - 41.

陈隆勋，朱乾根，罗会邦，等. 1991. 东亚季风. 北京：气象出版社：28 - 49.

陈隆勋，李薇，赵平，等. 2002. 东亚地区夏季风爆发过程. 气候与环境研究，5（3）：345 - 355.

陈隆勋，张博，张瑛. 2006. 东亚季风研究的进展. 应用气象学报，17（6）：711 - 724.

符淙斌. 1994. 抢收突变现象的研究. 大气科学，18（3）：373 - 384.

何金海，朱乾根，Murakami M. 1996. TBB 资料所揭示的亚澳季风区季节转换及亚洲夏季风转换及亚洲
　　夏季风建立的特征. 热带气象学报，12：34 - 42.

何有海，程志强，关翠华. 2003. 华北地区夏季降雨量与南海海温长期变化的关系. 热带海洋学报，
　　22（1）：1 - 8.

胡基福. 1996. 气象统计原理与方法. 青岛：青岛海洋大学出版社：141 - 155.

李翠华，蔡榕硕，陈际龙. 2010. 东中国海夏季潜热通量的时空变化特征及其与中国东部降水的联
　　系. 高原气象，29（6）：1485 - 1492.

李玉兰，杜长萱，陶诗言. 1995. 1994 年东亚夏季风活动的异常与华南特大洪涝灾害：Ⅱ. 1994 年两广特大暴雨的天气学分析//研讨会技术组. 1994 年华南特大暴雨洪涝学术研讨会论文集. 北京：气象出版社：6 – 13.

梁建茵，万齐林，黄增明，等. 1995. 南海海温的变化规律及其对我国气候的影响研究. 南海研究与开发，4：3 – 14.

梁肇宁，温之平，吴丽姬. 2006. 印度洋海温异常和南海夏季风建立迟早的关系：Ⅰ. 耦合分析. 大气科学，30（4）：619 – 634.

刘屹岷，吴国雄，宇如聪，等. 2001. 热力适应、过流、频散和副高：Ⅱ. 水平非均匀加热与能量频散. 大气科学，25（3）：317 – 328.

吕梅，成新喜，陈中一，等. 1998. 1994 年华南暴雨期间夏季风的特征及其对水汽的输送. 热带气象学报，14（2）：135 – 141.

闵锦忠，孙照渤，曾刚. 2000. 南海和印度洋海温异常对东亚大气环流及降水的影响. 南京气象学院学报，23（4）：542 – 548.

任雪娟，钱永甫. 2000. 南海地区潜热输送与我国东南部夏季降水的遥相关分析. 海洋学报，22（2）：25 – 34.

沙万英，郭其蕴，黄玫. 2000. 北太平洋海温场与西太平洋副热带高压的关系//陈兴芳. 汛期旱涝预测方法研究. 北京：气象出版社：71 – 79.

施能，朱乾根. 1995. 南半球澳大利亚、马斯克林高压高压气候特征及其对我国东部夏季降水的影响. 气象科学，2：20 – 27.

孙颖，丁一汇. 2002. 1997 年东亚夏季风异常活动在汛期降水中的作用. 应用气象学报，13（3）：277 – 287.

陶诗言. 1995. 1994 年东亚夏季风活动的异常与华南特大洪涝灾害：Ⅰ. 大气环流的异常. 研讨会技术组//1994 年华南特大暴雨洪涝学术研讨会论文集. 北京：气象出版社：1 – 5.

陶诗言，徐淑清. 1962. 夏季江淮流域持久性旱涝现象的环流特征. 气象学报，32（1）：1 – 10.

陶诗言，张庆云. 1998. 亚洲冬夏季风对 ENSO 事件的响应. 大气科学，22（4）：399 – 407.

王宏娜，陈锦年，吕心艳. 2009. 西太平洋暖池海温的时空变化及其在 ENSO 循环中的作用. 海洋与湖沼，40（1）：1 – 7.

王庆. 2003. 山东夏季降水东亚夏季风以及大气环流异常的研究，中国海洋大学硕士论文.

王卫强，王东晓，齐义泉. 2000. 南海表层水温年际变化的大尺度特征. 海洋学报，22（4）：8 – 16.

吴春强，周天军，宇如聪，等. 2009. 热通量和风应力影响北太平洋 SST 年际和年代际变率的数值模拟. 大气科学，33（2）：261 – 274.

吴国雄，刘平，刘屹岷，等. 2000. 印度洋海温异常对西太平洋副热带高压的影响——大气中的两级热力适应. 气象学报，58（5）：513 – 522.

吴尚森. 1996. 1994 年华南特大暴雨的气候背景//薛纪善. 1994 年华南特大暴雨研究. 北京：气象出版社：23 – 30.

徐桂玉，苏炳凯，符淙斌. 1994. 太平洋海气热通量与长江流域降水及东亚 500 hPa 环流的遥相关. 大气科学，18（1）：89 – 95.

薛峰，王会军，何金海. 2003. 马斯克林高压高压和澳大利亚高压的年际变化及其对东亚夏季风降水的影响. 科学通报，48（3）：287 – 291.

闫晓勇，张铭. 2004. 印度洋偶极子对东亚季风区天气气候的影响. 气候与环境研究，9（3）：435 – 444.

晏红明，肖子牛，谢应齐. 2000. 近 50 年热带印度洋海温距平场的时空特征分析. 气候与环境研究，

5 (2)：180 - 188.

于群 . 2011. 山东降水的多尺度性与地域特征研究 . 青岛：中国海洋大学博士论文 .

赵汉光，张先恭 . 1994. 东亚季风和我国夏季雨带的关系 . 气象，22 (4)：8 - 12.

中国气象局气候中心资料室 （www. cma. gov. cn）

周兵，吴国雄，梁潇云 . 2006，孟加拉湾深对流加热对东亚季风环流系统的影响 . 气象学报，64 (1)：48 - 56.

竺可桢 . 1934. 东亚季风与中国之雨量 . 地理学报，1 (1)：1 - 27.

Behera S K, Yamagata T. 2001. SubtropicalSSTdipole events in the tropical Indian Ocean. Geophys Res Lett, 28 (2)：327 - 330.

Chen Di, Chen Jinnian, Zuo Tao. 2013. Variation of air-sea heat fluxes over the Kuroshio area and its relation-ship with the flood season precipitation in Qingdao. IGARSS, Melbourne, Australia.

Fairall C W, Bradley E E, Hare J E , et al. 2003. Bulk parameterization of air - sea fluxes：updates and ver-ification for the COARE Algorithm. Climate, 16 (4)：571 - 591.

Saji H, Goswami B N, Vinayachandran P N, et al. 1999. A dipolo mode in the tropical Indian Ocean. Nature, 401：360 - 363.

第6章 遥感在中国近海海气热通量研究中的应用

6.1 遥感方法和机理

海气界面热通量交换的研究早在 20 世纪三四十年代就引起了人们的关注，50 年代以来不少专家学者对全球大洋或区域洋面热量平衡进行观测和计算，但实测的费用很高、观测能覆盖的范围极其有限。20 世纪 50 年代以来，空间技术得到迅速发展，海洋和气象等卫星上携带了能进行多种气象要素观测的仪器，获得海表温度、水汽含量、风、云等气象要素，并能对大范围环境进行实时的监测研究。卫星探测是监测和提供广阔的海洋和大气物理参数的理想工具，因为卫星可以对全球海洋进行连续、大范围、实时的观测，得到其他任何观测平台无法获取的参数，遥感探测具有观测速度快、项目多、信息量大、测量系统不干扰被测目标物，以及资料代表性好等优点，例如卫星采用多个光谱段，以很短的时间间隔进行探测，能及时掌握云系演变和各种气象要素，为天气预报提供依据。卫星探测比地面观测更具有内在的均匀性，在全球表面是连续的，避免了现有的地面常规观测的不均匀和间断的缺陷。一颗气象卫星用一台仪器对世界各地观测，资料统一，不像地面观测采用型号不同、性能不完全一致的仪器工作，还须要大量仪器进行定标。气象卫星在离地面的几百千米到几万千米的宇宙空间，不受国界和地理条件的限制，对地球大气进行大范围观测。如泰罗斯－N 卫星在约 850 km 高空对地球东—西方向扫描观测，观测距离可达 3 000 km 左右；地球静止卫星在约 36 000 km 高空对地球某一固定区域的观测面积达 $1.7 \times 10^8 \ km^2$，约为地球表面积的 1/3。由于卫星在固定轨道上运行，地球不停地自西向东旋转，所以卫星绕地球转一圈的同时，地球也相应地自西向东转过一定角度，从而使卫星能周期地观测到地球上的每一点，实现卫星的全球观测。而地面观测只能对单个点的观测，飞机只能对飞行路线经过的地区进行观测，雷达只能对局部地区（几百千米范围内）观测，通常只能观测到天气系统的某一部分。因此气象卫星的大范围观测，使得占地球 4/5 的海洋、荒无人烟的沙漠和高原等地区都可以借助卫星探测获取气象资料，从而为深入了解全球海洋和大气活动提供可能。气象卫星的出现极大地促进大气科学的发展，在探测理论和技术、灾害性天气监测、天气分析预报等方面发挥了重要作用。

海－气界面的感热通量和潜热通量的交换过程是全球热量平衡的主要部分，它反映了海洋－大气之间的相互联系与反馈机制，对研究全球气候变化尤为重要。早期，海－气界面的感热通量和潜热通量多采用气象通量模式计算得到。近年来，随着空间技术的迅速发展，利用卫星探测进行感热通量和潜热通量的反演研究也取得了一定的进展，主要有2种方法：物理模式和统计方法。最常用的物理模式是整体输送公式（Bulk Method），目前基本可以通过卫星遥感获得整体输送公式所需要的气象参数，从而获得感热通量和潜热通量。统计方法指将海面热通量的历史观测资料用于拟合其与遥感观测参数的关系，从而计算出区域平均热通量。一般地，物理模式可以估算全球的热通量值，统计方法比较适合局部区域的计算。

6.1.1　整体输送方法

1）基本公式

感热和潜热通量是根据标准 Reynolds 平均进行定义的：

$$SF = \rho_a C_p \overline{w'T'} = -\rho_a C_p u_* T_* \tag{6.1-1}$$

$$LF = \rho_a L_E \overline{w'q'} = -\rho_a L_E u_* q_* \tag{6.1-2}$$

式中，SF、LF 分别表示感热通量和潜热通量，ρ_a 是空气密度，C_p 是标准大气压下的比热容，w'、T' 和 q' 分别表示垂直方向上风、温度和水蒸气混合比的紊动变化；T_*、q_* 和 u_* 分别表示相应的 MoNiñobukhov 相似标量参数（Panofshky and Dutton，1984；Geernaert，1990），上面加横线表示平均，通常采用时间上的平均。

在实际计算时，采用的是调整后的公式（称为 BULK 公式）：

$$SF = \rho_a C_p C_H U(\theta_s - \theta_a) \tag{6.1-3}$$

$$LF = \rho_a L_E C_E U(q_s - q_a) \tag{6.1-4}$$

式中，C_E、C_H 分别是潜热和感热的交换系数，ρ_a 是空气密度，L_E 是潜热的蒸发常数，θ 是潜热温度，q 是比湿，U 是相对表面环流的近表面的风速值，s 和 a 分别指大洋表面和近表面大气的对应的数值，s 一般采用海面上 10 m 作为参考高度。潜热温度 θ 在物理意义上又称是空气动力学温度，海洋表面 θ_s 亦有人称为 BULK 温度，因为目前 θ_s 多采用卫星测量的海表辐射温度（即海表温度 SST）代替。利用 BULK 方法计算热通量，主要难点在于如何获得海面上某一高度的空气比湿 q_a 和气温 T_a，因为它们不能直接通过卫星探测得到。

BULK 方法主要适用于中等风速时热通量的计算，当海 - 气界面之间的热交换较强烈，BULK 方法得到的热通量结果精度较高；当海 - 气界面处于稳定状态或低风速（$U < 2$ m/s）时，该公式不大适合。

6.1.2　统计方法

利用遥感资料结合 BULK 方法可以获得热通量结果，但目前潜热和感热的交换系数多采用的是统计值，这对热通量的计算带来一定的误差。因此，通过卫星观测资料直接建立其与热通量的关系，可以达到减少由于中间环节产生误差的作用，多参数方法、神经网络方法、遗传方法等统计方法多被采用，获得了较好的结果。Randhir 等利用遗传方法结合 SSMI 获得的风速和 AVHRR 获得的海表温度建立了反演月平均潜热通量的模型［式（6.1-5）］，与海洋大气数据集（COADS）提供的海表面观测数据相

比，月平均潜热通量的精度为 （0.80 ± 0.32）g /kg，

$$Q_a = \frac{a}{W + b} \left[c \times W \times SST + d \times W + \frac{e \times SST}{f \times W - 7.55} - 9.74 \right] + 8.94 \qquad (6.1 - 5)$$

海表温度 （SST）由 AVHRR 获得，垂直积分水蒸气 （W）通过 SSMI 获得的风速而计算获得，参数 a、b、c、d、e、f 的值由统计得到，如表 6.1 – 1。

表 6.1 – 1

参数	a	b	c	d	e	f
值	1.0 g²/ （cm² · kg）	2.4 g/cm²	1.0 cm²/ （g · ℃）	– 8.5 cm²/g	1.0 ℃ $^{-1}$	1.0 cm²/g

　　Bourras 等 （2002）采用神经网络方法，利用 SSM/I 获取的亮温数据可以反演潜热通量值，获得空间分辨率为 35 km 的实时潜热通量，ANN 方法在湿度小、风速强的条件下的反演结果比湿度大、低风速的情况好。目前由于海上的实测热通量数据较少，因此很大程度上限制了统计方法的发展。

6.2　应用案例

　　以下介绍我们分别应用 BULK 方法和 ANN 方法反演海气界面的热通量的一些结果。

6.2.1　应用 Bulk 公式反演月平均热通量

6.2.1.1　参数设置

　　采用 Bulk 公式 ［式 （6.1 – 3）、（6.1 – 4）］进行月平均感热和潜热通量的反演，公式所涉及的资料来源和参数设置如下：

　　Bulk 公式所需要的 4 个基本气象参数：海表温度、近海面气温、比湿和风速，其中，海表温度从 AVHRR 获得，风速从 SSM/I 获得，比湿和近海面气温值不能直接获得，可以通过一些方法换算得到。我们的基本思路是：首先，利用 SSM/I 和 AVHRR 提供的风速、大气水蒸汽、云液态水、降雨率和海表温度资料建立神经网络模型得到近海面气温和相对湿度，然后，通过比湿与相对湿度的关系求得比湿值。

　　考虑到大气密度变化不大，故 ρ_a 取常数 1.293 kg/m³。在大气中，C_ρ 一般变化范围是 1.1×10^{-3} J/ （kg · ℃）到 0.8×10^{-3} J/ （kg · ℃），这里我们取 1.006×10^3 J/ （kg · ℃）。

　　起初人们一般将 C_E 和 C_H 作为经验常数，如 $C_H = 0.97 \times 10^{-3}$，$C_E = 1.1 \times 10^{-3}$，近年来的研究表明，将 C_E 和 C_H 取作常数往往带来较大的计算误差，这两个交换系数主要依赖表面边界层稳定性和风速，并且还是海面 10 m 处风速 U_{10} 的函数，这里采用了 Bentamy 等 （2003）提出的计算 C_E 和 L_E 的经验公式：

$$10^3 C_E = a \exp[b(U + c)] + d/U + 1 \qquad (6.2 - 1)$$

式中，$a = -0.146\,785$，$d = -0.292\,4$，$c = -2.206\,648$，$d = 1.611\,222\,9$，U 是海面 10 m 处的风速，该公式考虑了海洋上轻微非稳定层化的影响，风速在 2 ~ 20 m/s 之间计算得

到的 C_E 值在 0.001 1 到 0.001 5 之间。

蒸发潜热常数（J/kg）：

$$L_E = 4\ 186.8(597.31 - 0.556\ 25 \times T_w)\qquad(6.2-2)$$

C_H 采用 Smith（1980）、Large 和 Pond（1982）等提出的经验公式：

$$C_H = \frac{3.2 + 1.10 \times (T_w - T_a)U_{10}}{(T_w - T_a)U_{10}} \times 10^{-3}\qquad(6.2-3)$$

式中比湿的计算是采用 Gill（1982）提出的公式：

海面比湿 q_w（Pa）：

$$q_w = \frac{0.622 \times e_w}{P_w - 0.378 \times e_w}\qquad(6.2-4)$$

海面上空气比湿 q_a（Pa）：

$$q_a = \frac{0.622 \times e_a}{P_a - 0.378 \times e_a}\qquad(6.2-5)$$

式中，p_w 和 p_a 分别表示海表面的和海面上 10 m 处的压强，这里简单起见，p_w 取 1 008 hPa，p_a 取 1 003 hPa，e_w 和 e_a 分别表示海表面的和空气的饱和水汽压，可以从海表温度、海面气温和相对湿度计算得到。

空气的饱和水汽压（kg/kg）为：

$$e_a = RH \times 10^{[(0.785\ 9+0.034\ 77 \times T_a)/(1.0+0.004\ 12 \times T_a)+2]}\qquad(6.2-6)$$

纯水的表面饱和水汽压为

$$e_s = 10^{[(0.785\ 9+0.034\ 77 \times T_w)/(1.0+0.004\ 12 \times T_w)+2]}\qquad(6.2-7)$$

考虑到盐度的影响，海水的饱和水汽压比纯水的少 2%，因此海表面的饱和水汽压 e_w（kg/kg）为：

$$e_w = e_s \times 98\%\qquad(6.2-8)$$

以上水汽压公式只适合在 -40~40℃ 的温度条件下应用。

6.2.1.2　结果分析

把海表温度、近海面气温、比湿和风速带入式（6.2-1）～（6.2-8），得到每月的月平均全球潜热和感热通量结果，并与 GSSTF2 的结果比较，潜热的误差较大，进一步对计算的潜热结果进行拟和调整，调整后的潜热结果得到明显改善。我们反演了 1998 年 1 月到 2000 年 12 月期间的感热和潜热结果，因为数据比较多，时间比较长，这里只展示了两个月（冬天与夏天的作为代表）的比较图。

图 6.2-1a，b 分别是 1999 年 1 月的感热和潜热的散点比较图，感热结果比较的偏差为 1.66 W/m²，均方根差是 8.64 W/m²；潜热结果比较的偏差为 0.74 W/m²，均方根差是 23.3 W/m²。图 6.2-2a，b 分别是 1999 年 7 月的感热和潜热的散点比较图，全球范围内有 14 226 个点参加了比较，偏差为 2.82 W/m²，均方根差是 8.61 W/m²；潜热结果比较的偏差为 4.83 W/m²，均方根差是 23.44 W/m²。这两个月份得到的感热和潜热的结果基本相当。

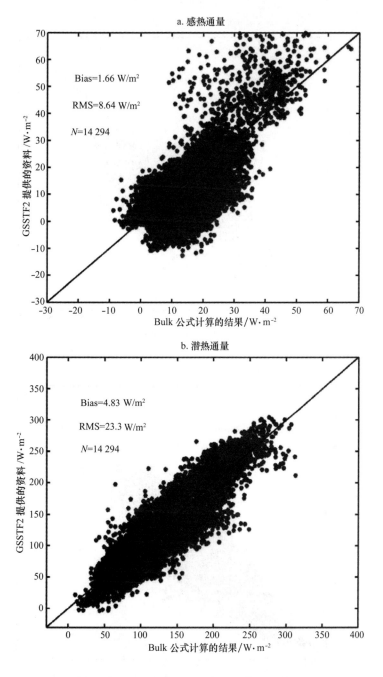

图 6.2 – 1　1999 年 1 月的热通量散点比较图

Bias——偏差，RMS——均方根差，N 是可参与比较的点数

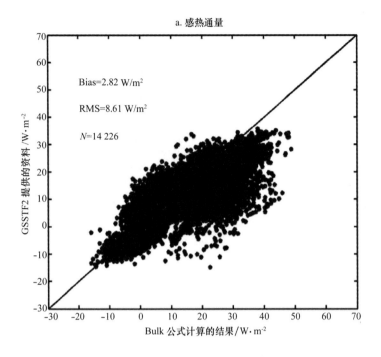

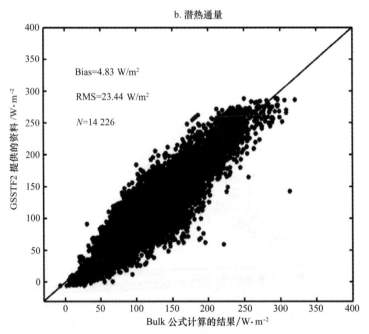

图 6.2-2　1999 年 7 月的感热和潜热通量散点比较图

Bias——偏差，RMS——均方根差，N 是可参与比较的点数

6.2.2　应用 ANN 方法反演月平均热通量

在应用 Bulk 公式反演感热通量和潜热通量时，热通量的一部分误差来自经验参数的设置和中间过程误差的传递，因此我们希望建立海面气象参数与通量的直接关系，从而减少热通量计算过程中出现的误差。目前热通量的实测资料很少，而且采用不同仪器测量的通量精度也颇有争议，因此我们采用目前精度较高，得到许多气象专家肯定的 GSSTF2 热通量资料。

6.2.2.1　建立 ANN 模型

反演潜热和感热通量的神经网络模型是含有两个隐含层、一个输出参数的神经网络结构（如图 6.2 – 3），输入参数分别为海表温度、近海面气温、相对湿度和风速，输出参数为潜热或感热通量。

6.2.2.2　ANN 模型反演结果

图 6.2 – 4 和图 6.2 – 5 展示的是利用 ANN 模型反演热通量与 GSSTF2 的资料比较的散点图。1998 年 1 月—2000 年 12 月的比较结果，感热通量的偏差是（ – 0.26 ± 2.6）W/m^2，均方根差是（7.54 ± 3）W/m^2；潜热通量的偏差是（ – 0.31 ± 6.5）W/m^2，均方根差大约是（20.1 ± 3.2）W/m^2（见表 6.2 – 1）。

表 6.2 – 1　ANN 方法反演的热通量与 GSSTF2 资料的比较

时间	感热通量/W·m^{-2}		潜热通量/W·m^{-2}	
	偏差	均方根差	偏差	均方根差
1998 年 1 月—2000 年 12 月	– 0.26 ± 2.6	7.54 ± 3	– 0.31 ± 6.5	20.1 ± 3.2

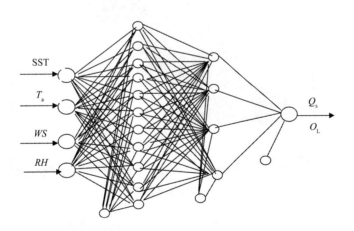

图 6.2 – 3　反演感热和潜热通量的神经网络结构，为 4 – 11 – 4 – 1x 的结构

SST——海表温度，T_a——近海面气温，WS——10 m 的风速，RH——相对湿度，

Q_s——感热通量，Q_L——潜热通量

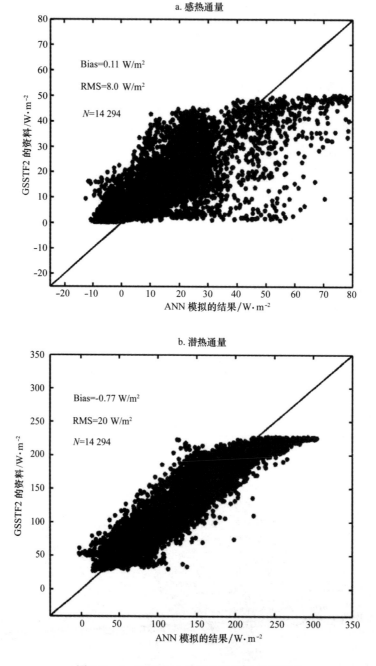

图 6.2 - 4　1999 年 1 月的热通量散点比较图

Bias——偏差，RMS——均方根差，N 是可参与比较的点数

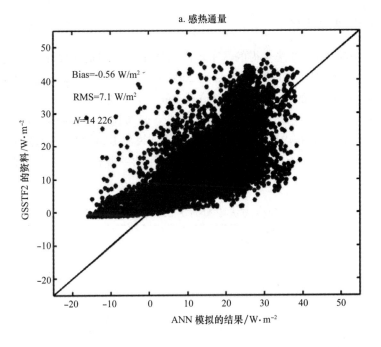

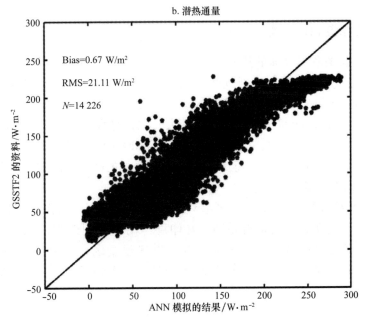

图 6.2 – 5 1999 年 7 月的感热和潜热通量散点比较图

Bias ——偏差，RMS——均方根差，N 是可参与比较的点数

6.2.3　两种结果的比较

把 Bulk 方法与 ANN 方法获得的月平均潜热通量和感热通量结果分别与 GSSTF2 资料进行比较,比较的时间从 1998 年 1 月到 2000 年 12 月(表 6.2-2),ANN 方法得到感热通量的偏差比 Bulk 的小(0.4±0.8)W/m²,均方根差值小(1.5±1.6)W/m²;对于潜热通量的比较,ANN 方法反演得到的结果偏差比 Bulk 的小(1.4±3)W/m²,均方根差值小(3.6±0.8)W/m²。ANN 得到的结果比 Bulk 的好,这也许是由于 ANN 模型直接建立反演参数与通量的关系,减少了中间的一些计算误差,因此提高了反演的精度。

表 6.2-2　Bulk 方法与 ANN 方法反演热通量结果的比较

方法	感热通量/W·m⁻²		潜热通量/W·m⁻²	
	偏差	均方根差	偏差	均方根差
Bulk 方法	-0.66±3.4	9.05±4.6	-1.72±9.5	23.7±4.0
ANN 方法	-0.26±2.6	7.54±3	-0.31±6.5	20.1±3.2

6.2.4　与其他资料的比较

运用 ANN 模型获得全球的热通量,将其与 GSSTF2 和 NCEP 资料进行比较,大部分空间分布形态吻合得比较好,但数值上有差别。图 6.2-6 表示 2000 年 2 月 3 种感热通量结果的空间分布图,绝大部分地区的结果差别不大,高值区和低值区的位置分布基本一致,但高值区内的通量数值差别比较大,尤其是太平洋黑潮、大西洋湾流及东格陵兰流区,在以上 3 个地区感热通量最大的是 NCEP 的,其次是 GSSTF2 的,ANN 方法反演的结果偏小,NCEP 的最高值明显的比其他两者的高,有的地区甚至大到 30 W/m²,而且范围也大很多。

图 6.2-7 展示 2000 年 2 月 3 种潜热通量结果的空间分布图,它们的空间分布特征非常一致,但在数值上略有差别。在印度洋南半球副热带海区、太平洋暖池、黑潮、大西洋湾流等区域存在着大范围的高潜热通量区,在数值大小上,GSSTF2 的峰值最大,其次是 NCEP 的,ANN 反演的最小,ANN 反演的结果与 NCEP 的比较接近。

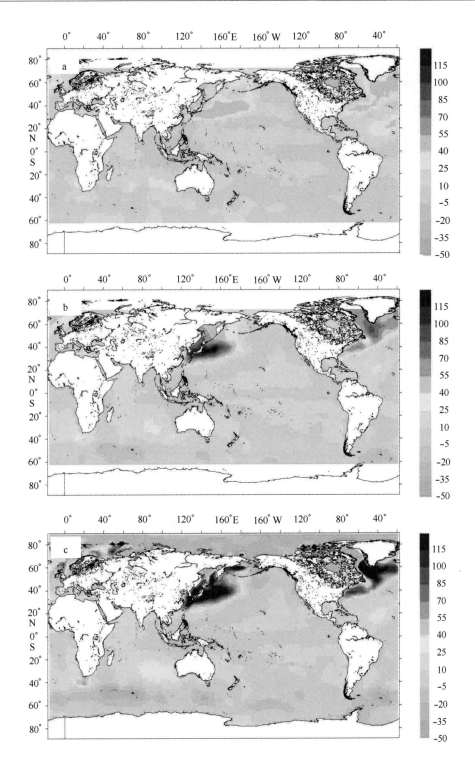

图 6.2 - 6　2000 年 2 月的感热通量空间分布（W/m²）

a. ANN 方法反演的，b. GSSTF2 提供的，c. NCEP 提供的

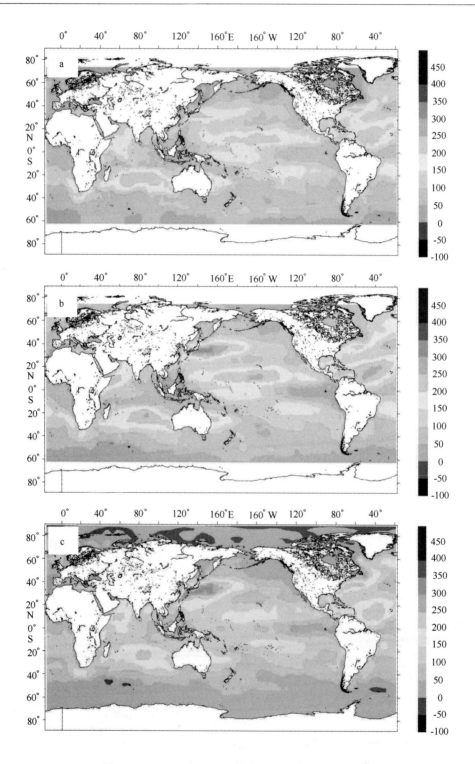

图 6.2 - 7　2000 年 2 月的潜热通量空间分布（W/m²）
a. ANN 方法反演的，b. GSSTF2 提供的，c. NCEP 提供的

6.3 问题与展望

利用卫星资料反演海面热通量的研究可以获得在时空上高分辨率的通量结果，但目前热通量的反演精度仍不是很理想，感热通量和潜热通量的精度大致为 7~12 W/m^2, 30~45 W/m^2（Masahisa et al., 2002；Young-Heon Jo et al., 2004；Bourras et al., 2002）。感热通量和潜热通量的计算精度受到 BULK 方法中的各个参数精度的制约，其中风速、气温和湿度的影响最大。目前风速的反演精度大约在 2 m/s 左右，当风速出现 10% 的误差时，大约将导致感热和潜热通量出现约 3 W/m^2 和 10 W/m^2 的误差。近海面的气温不能直接从卫星资料中获得，需通过经验关系间接地由近海面的参数值才能获得，导致了较大的误差。当表面湿度出现 10% 的误差时，将导致感热和潜热通量出现约 8.4 W/m^2 和 15 W/m^2 的误差（Curry et al., 2004），因此热通量卫星反演的精度很大程度上依赖于各气象参数反演的精度的提高，同时热通量的计算方法也需要进一步地完善，比如增加风向对通量的影响。

参 考 文 献

Bentamy A, Katsaross K B, Mestas-nun A M, et al. 2003. Satellite estimates of wind speed and latent heat flux over the global oceans. Journal of Climate, 16: 637 –656.

Bourras D, Eymard L, Liu W T. 2002. A neural network to estimate the latent heat flux over oceans from satellite observations. International Journal of Remote Sensing, 23 (12): 2405 –2423.

Bourras D, Eymard L, Liu W T, et al. 2002. An integrated approach to estimate instantaneous near – surface air temperature and sensile heat flux fields during the SEMAPHORE Experiment. Journal of Applied Meteorology, 41: 241 –252.

Curry J A, Bentamy A, Bourassa M A, et al. 2004. Seaflux. Bull. Amer. Meteorol. Soc. , 85: 409 –424.

Geernaert G L. 1990. Bulk Parameterizations for the Wind Stress and Heat Fluxes// Geernart G L, Plant W J. Surface Waves and Fluxes, Vol. . Kluwer, Dordrecht: 91 –172.

Gill A E. 1982. A tmosphere-ocean dynamics. London: Academic Press.

Large W G, Pond S. 1982. Sensible and latent heat flux measurements over the ocean. J. Phys. Oceanology. 12 (5): 464 –482.

Jo Young-Heon, Yana Xiao-Hai, Pan Jiayi , et al. 2004. Sensible and latent heat flux in the tropical Pacific from satellite multi – sensor data. Remote Sensing of Environment , 90:, 166 – 177.

Masahisa K, Hinoaki A, Akito K, et al. 2002. Testosterone reduction prevents phenotypic expression in a transgenic mouse model of spinal and bulbar muscular atrophy. Neuron, 35 (5): 843 –854.

Panofaces H A , Dutton J A. 1984. Atmospheric turbulence: Models and methods for engineering application. New York: John Wiley & Sons: 397.